独習 基礎数学

小川淑人
島田 勉 共著

学術図書出版社

まえがき

　どうすれば数学ができるようになるか．それには基礎を固めるのが一番である．本書で高校数学の復習をしておけば，大学の微分積分学や線形代数学や専門科目の学習で困ることはないであろう．基礎を固めるということは就職試験においても役に立つ．文系理系を問わず，第 1 章から第 5 章までと第 10 章は必須である．理系の人は本書を読了すれば自信がつくことであろう．

　自分では基礎はできていると思うが，もう少しできるようになりたいと思う人は検算をするとよい．検算をしているうちに自信が湧いてきて，やがては間違えないようになる．たとえ間違ったとしても間違った瞬間に勘が働いて自分で修正できるようになる．また，検算そのものが計算練習になる．

　自分はもっとできると思う人は，本書で省略した証明を補ったり，例題の別解答を考えてみるとよい．演習問題には幾分難しいものもあるので，じっくりと考えていただきたい．

　この小冊子に自然に手が伸びるようになり，検算や別解答により少ない教材をどんどん膨らませていけるようになれば，進学や就職は意のままになるであろう．

　本書は文系理系の 1 セメスターの授業のために書かれたものであるが，難しい演習問題には詳しい解答をつけてあるので，安心して自習することができる．

　終わりに本書の執筆をお奨め下さり，いろいろなことを教えていただいた学術図書出版社の高橋秀治氏に感謝の意を表します．

2012 年 12 月

著　者

目次

第1章 式と計算 　1
- 1.1 多項式 1
- 1.2 因数分解 5
- 1.3 分数式 11
- 1.4 絶対値と平方根 17

第2章 方程式と不等式 　26
- 2.1 複素数 26
- 2.2 2次方程式 27
- 2.3 解と係数の関係 30
- 2.4 種々の方程式 32
- 2.5 恒等式 33
- 2.6 2次不等式 34

第3章 1次関数と2次関数 　38
- 3.1 1次関数 38
- 3.2 2次関数 41
- 3.3 2次関数のグラフと2次方程式 45
- 3.4 2次関数のグラフと2次不等式 47
- 3.5 円の方程式 49

第4章 不等式と領域 　53
- 4.1 不等式の表す領域 53
- 4.2 連立不等式の表す領域 58

iv 目次

第5章 指数関数   62
   5.1   累乗根 62

第6章 対数関数   68
   6.1   対数 68

第7章 三角関数   76
   7.1   鋭角と鈍角の三角比 76
   7.2   三角形への応用 86
   7.3   三角関数 90
   7.4   加法定理 96
   7.5   弧度法 106

第8章 複素数   114
   8.1   複素数平面 114
   8.2   極形式 116

第9章 ベクトル   120
   9.1   平面上のベクトル 120
   9.2   ベクトルの成分 124
   9.3   ベクトルの内積 126
   9.4   位置ベクトル 128
   9.5   空間のベクトル 130

第10章 数列   135
   10.1   数列 135
   10.2   数列の極限 145

解答   151

索引   195

1 式と計算

1.1 多項式

$x^2 + 3x + 2$ や $x^3 - x^2 - x + 2$ のような式を**多項式**という．これらはそれぞれ 2 次式 3 次式であり，各項が高い次数から順に並べられているので，**降べきの順**であるという．普通は降べきの順に並べるが，これとは逆に**昇べきの順**に並べることもある．

例題 1.1

x について降べきの順に整理せよ．
(1) $4x^2 + 5x^3 - 2 + x$
(2) $ax^2 - a^2b + 2ax^3 - bx + b^2x$
(3) $x^4y - y^3 + x^2 - y^2 + y + 1$

解
(1) $4x^2 + 5x^3 - 2 + x = 5x^3 + 4x^2 + x - 2$
(2) x 以外の変数は定数とみる．
$ax^2 - a^2b + 2ax^3 - bx + b^2x = 2ax^3 + ax^2 + (b^2 - b)x - a^2b$
$= 2ax^3 + ax^2 + b(b-1)x - a^2b$
(3) $x^4y - y^3 + x^2 - y^2 + y + 1 = yx^4 + x^2 - (y^3 + y^2 - y - 1)$
$= yx^4 + x^2 - (y-1)(y+1)^2$

多項式の加法と減法は，次数ごとに計算すればよいので簡単である．以下では説明をていねいにしてあるが，暗算のできる人はいちいち書かないでどんど

ん進んでもらいたい．

例題 1.2

$A = 2x^2 + 7x - 3, B = 3x^2 - 8x + 5$ のとき，次を求めよ．
(1) $A + B$ (2) $2A + 3B$
(3) $(4A + 3B) - (A + B)$

解

(1) $A + B = (2x^2 + 7x - 3) + (3x^2 - 8x + 5) = 5x^2 - x + 2$
(2) $2A + 3B = (4x^2 + 14x - 6) + (9x^2 - 24x + 15) = 13x^2 - 10x + 9$
(3) $(4A + 3B) - (A + B) = 3A + 2B = (6x^2 + 21x - 9) + (6x^2 - 16x + 10)$
$= 12x^2 + 5x + 1$ ∎

多項式の足し算は繰り上がりを考えることなくまったく機械的にできるので，数の足し算よりも簡単である．

x^2 や x^3 のように肩に乗っている数のことを**指数**とよぶ．ここで**指数法則**を思い出そう．

例題 1.3

m, n が自然数のとき，次を示せ．
(1) $x^m x^n = x^{m+n}$ (2) $(x^m)^n = x^{mn}$
(3) $(xy)^n = x^n y^n$

解

(1) $x^m x^n = \underbrace{(x \times \cdots \times x)}_{m \text{ 回}} \times \underbrace{(x \times \cdots \times x)}_{n \text{ 回}} = \underbrace{x \times \cdots \times x}_{m+n \text{ 回}} = x^{m+n}$

(2) $(x^m)^n = \underbrace{x^m \times \cdots \times x^m}_{n \text{ 回}} = \underbrace{(\underbrace{x \times \cdots \times x}_{m \text{ 回}}) \times \cdots \times (\underbrace{x \times \cdots \times x}_{m \text{ 回}})}_{n \text{ 回}}$

$= \underbrace{x \times \cdots \times x}_{mn \text{ 回}} = x^{mn}$

(3) $(xy)^n = \underbrace{(xy) \times \cdots \times (xy)}_{n \text{ 回}} = \underbrace{(x \times \cdots \times x)}_{n \text{ 回}} \times \underbrace{(y \times \cdots \times y)}_{n \text{ 回}} = x^n y^n$

多項式の乗法は指数法則を基に行う．

例題 1.4

次を計算せよ．
(1) $3x^2 \times (-2x^3)$
(2) $(2x+5)(3x-2)$
(3) $(x^2+5)(2x^2-3x-6)$

解

(1) $3x^2 \times (-2x^3) = -6x^5$

(2) $(2x+5)(3x-2) = (2x)(3x) + 5(3x) + (2x)(-2) + 5(-2)$
$= 6x^2 + 15x - 4x - 10 = 6x^2 + 11x - 10$

(3) この問題では交換してから計算した方が 2 回の計算で済むので速い．
$(x^2+5)(2x^2-3x-6) = (2x^2-3x-6)(x^2+5)$
$= 2x^4 - 3x^3 - 6x^2 + 10x^2 - 15x - 30 = 2x^4 - 3x^3 + 4x^2 - 15x - 30$

多項式の乗法においても，数の掛け算と同じように縦型の計算ができる．

$$\begin{array}{r} 2x^2 - 3x - 6 \\ \times) \ x^2 + 5 \\ \hline 2x^4 - 3x^3 - 6x^2 \\ 10x^2 - 15x - 30 \\ \hline 2x^4 - 3x^3 + 4x^2 - 15x - 30 \end{array}$$

ここで 1 次の項が空欄になっていることに注意されたい．もっと簡単に係数だけ抜き出して計算することもできる．

```
    2  -3  -6
  ×) 1       5
    2  -3  -6
        10 -15 -30
    2  -3   4 -15 -30
```

展開公式を用いると計算を著しく簡略化できる．展開公式は多く覚えておけばおくほど計算が速くなるし，間違いも減る．このように公式は覚えて使うことが第一であるが，一度は自分で導いてみると理解が深まる．

例題 1.5

次の展開公式を証明せよ．
(1) $(a+b)^2 = a^2 + 2ab + b^2$
(2) $(a-b)^2 = a^2 - 2ab + b^2$
(3) $(a+b)(a-b) = a^2 - b^2$
(4) $(a+b)^3 = a^3 + 3a^2b + 3ab^2 + b^3$
(5) $(a-b)^3 = a^3 - 3a^2b + 3ab^2 - b^3$

解 ここでは (2) と (5) だけを示す．(1),(3),(4) は自分で確かめること．
(2) $(a-b)^2 = (a-b)(a-b) = a^2 - ab - ab + b^2 = a^2 - 2ab + b^2$
(5) (2) を用いると $(a-b)^3 = (a-b)^2(a-b) = (a^2 - 2ab + b^2)(a-b)$
$= a^3 - 2a^2b + ab^2 - a^2b + 2ab^2 - b^3 = a^3 - 3a^2b + 3ab^2 - b^3$

練習問題 1.1A

1. $A = x^2 + 3x - 5, B = x^2 - 6x + 2$ のとき，次を求めよ．
 (1) $A + B$ (2) $3A - 2B$
 (3) $(2A + B) - (3A + 4B)$

2. 次の式を展開せよ．
 (1) $2a(3a - 4b)$ (2) $(x - 2y + 5) \times (-3x)$
 (3) $(x+3)(x+5)$ (4) $(3x+2)(x-4)$
 (5) $(a+3)(a+2b-3)$

3. 展開公式を用いて展開せよ．
   (1) $(2x-y)^2$　　　(2) $(a+3b)(a-3b)$
   (3) $\left(x-\dfrac{y}{3}\right)^3$　　　(4) $(a+1)(a-1)(a^2+1)$
   (5) $(x-y+2)^2$

練習問題 1.1B

1. 次の展開公式を証明せよ．
   (1) $(a+b+c)^2 = a^2+b^2+c^2+2ab+2bc+2ca$
   (2) $(a+b)(a^2-ab+b^2) = a^3+b^3$
   (3) $(a-b)(a^2+ab+b^2) = a^3-b^3$
   (4) $(x-1)(x^{n-1}+x^{n-2}+x^{n-3}+\cdots+x^2+x+1) = x^n-1$

2. $(a+b)(a-b) = a^2-b^2$ を用いて計算せよ．
   (1) $(x^2+x+1)(x^2-x+1)$
   (2) $(x^2+\sqrt{2}x+1)(x^2-\sqrt{2}x+1)$
   (3) $(x^2+\sqrt{3}x+1)(x^2-\sqrt{3}x+1)$

3. 次の式を展開せよ．
$$-(a+b+c)(b+c-a)(c+a-b)(a+b-c)$$

1.2　因数分解

　多項式をいくつかの多項式の積に表すことを**因数分解**するという．因数分解は方程式を解くために必要である．

> **例題 1.6**
> 次の 2 次式を因数分解せよ．
> (1)　x^2+2x-3　　　(2)　x^2-4x+3
> (3)　x^2-5x+6

解

(1)　$-3 = 1\times(-3) = (-1)\times 3$ であるから $(x+1)(x-3)$ と $(x-1)(x+3)$ が考えられるが，

$(x+1)(x-3)$ を展開すると x^2-2x-3 となり，
$(x-1)(x+3)$ を展開すると x^2+2x-3 となるので，
$(x-1)(x+3)$ が答えである．

(2) $3 = 1 \times 3 = (-1) \times (-3)$ であるが，
$(x+1)(x+3)$ を展開すると x^2+4x+3 となり，
$(x-1)(x-3)$ を展開すると x^2-4x+3 となるので，
$(x-1)(x-3)$ が答えである．

(3) $6 = 2 \times 3 = (-2) \times (-3) = 1 \times 6 = (-1) \times (-6)$ であるが，
この分解のうち足して -5 となるのは $(-2) \times (-3)$ なので
$(x-2)(x-3)$ が答えである．

このように，因数分解には試行錯誤が伴う．

例題 1.7

次の2次式を因数分解せよ．
(1) $2x^2 - 5x + 2$ (2) $5x^2 - 2x - 3$
(3) $x^2 + xy - 2y^2$

解

(1) $(2x-2)(x-1)$ と $(2x-1)(x-2)$ が考えられるが，
$(2x-2)(x-1)$ を展開すると $2x^2-4x+2$ となり，
$(2x-1)(x-2)$ を展開すると $2x^2-5x+2$ となるので，
$(2x-1)(x-2)$ が答えである．

(2) $(5x+1)(x-3), (5x-1)(x+3), (5x-3)(x+1), (5x+3)(x-1)$ が考えられるが，
展開すると $5x^2-14x-3, 5x^2+14x-3, 5x^2+2x-3, 5x^2-2x-3$ となるので，
$(5x+3)(x-1)$ が答えである．

(3) $(x-2y)(x+y), (x+2y)(x-y)$ が考えられるが，
展開すると $x^2-xy-2y^2, x^2+xy-2y^2$ となるので，

$(x+2y)(x-y)$ が答えである.

例題 1.8

展開公式を用いて因数分解せよ.
(1) $x^2 - 10x + 25$ (2) $x^2 - 4$
(3) $x^3 - 9x^2 + 27x - 27$ (4) $x^3 - 27y^3$

解
(1) $x^2 - 10x + 25 = x^2 - 2 \cdot 5 \cdot x + 5^2 = (x-5)^2$
(2) $x^2 - 4 = x^2 - 2^2 = (x+2)(x-2)$
(3) $x^3 - 9x^2 + 27x - 27 = x^3 - 3 \cdot x^2 \cdot 3 + 3 \cdot x \cdot 3^2 - 3^3 = (x-3)^3$
(4) $x^3 - 27y^3 = x^3 - (3y)^3 = (x-3y)(x^2 + 3xy + 9y^2)$

例題 1.9

次の多項式 A, B について A を B で割った商と余りを求めよ.
(1) $A = 2x^4 + 3x^3 - 4x^2 + 2x - 5, B = x^2 - 2x - 1$
(2) $A = x^3 + 2x^2 - 3x - 4, B = x - 2$

解
(1) A と B の最高次の項を抜き出して割り算をすると
$2x^4 \div x^2 = 2x^2$ である. このとき
$B \cdot 2x^2 = (x^2 - 2x - 1) \cdot 2x^2 = 2x^4 - 4x^3 - 2x^2$ となるので,
A から $2x^4 - 4x^3 - 2x^2$ を引いてこの操作を繰り返す.

$$\begin{array}{r}
2x^2 + 7x + 12 \phantom{{}-5} \\
x^2 - 2x - 1 \overline{\smash{\big)} 2x^4 + 3x^3 - 4x^2 + 2x - 5} \\
\underline{2x^4 - 4x^3 - 2x^2 } \\
7x^3 - 2x^2 + 2x \\
\underline{7x^3 - 14x^2 - 7x } \\
12x^2 + 9x - 5 \\
\underline{12x^2 - 24x - 12} \\
33x + 7
\end{array}$$

以上より商は $2x^2 + 7x + 12$ 余りは $33x + 7$ である.

もっと簡単に係数だけ抜き出して計算することもできる．

$$
\begin{array}{r}
\ \ 2\ \ \ \ 7\ \ \ \ 12 \\
1\ -2\ -1\ \overline{)\ 2\ \ \ 3\ -4\ \ \ \ 2\ -5} \\
\underline{2\ -4\ -2} \\
7\ -2\ \ \ \ 2 \\
\underline{7\ -14\ -7} \\
12\ \ \ 9\ -5 \\
\underline{12\ -24\ -12} \\
33\ \ \ \ 7
\end{array}
$$

(2) (1) と同様にしてもできるが，1 次式による割り算では**組立除法**を用いる方がよい．

$$
\begin{array}{rrrr|r}
1 & 2 & -3 & -4 & \underline{|\,2\,} \\
  & 2 & 8 & 10 & \\
\hline
1 & 4 & 5 & 6 &
\end{array}
$$

よって，商は x^2+4x+5 余りは 6 である．

詳しく説明すると次のようになる．

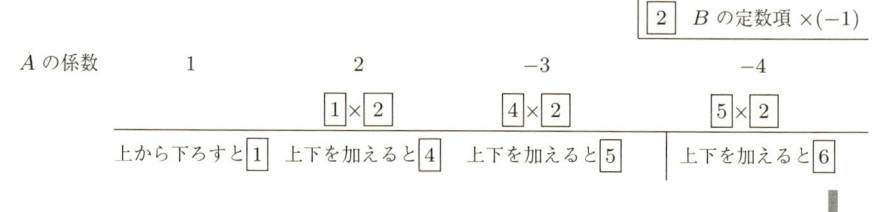

$$
\begin{array}{lrrrr}
& & & & \boxed{2}\ B\ \text{の定数項}\times(-1) \\
A\ \text{の係数} & 1 & 2 & -3 & -4 \\
& & \boxed{1}\times\boxed{2} & \boxed{4}\times\boxed{2} & \boxed{5}\times\boxed{2} \\
\hline
& \text{上から下ろすと}\boxed{1} & \text{上下を加えると}\boxed{4} & \text{上下を加えると}\boxed{5} & \text{上下を加えると}\boxed{6}
\end{array}
$$

> 多項式の割り算は見当をつけることなくまったく機械的にできるので，数の割り算よりも簡単である．

3 次式を因数分解するには因数定理が役に立つ．

因数定理
多項式 $f(x)$ において $f(a)=0$ ならば $f(x)$ は $x-a$ で割り切れる．

> **例題 1.10**
>
> 因数定理を用いて次の 3 次式を因数分解せよ.
> (1)　$f(x) = x^3 - x^2 - x + 1$
> (2)　$f(x) = x^3 + x^2 - 4x - 4$
> (3)　$f(x) = x^3 - 2x^2 - 4x + 8$

解

(1)　$f(1) = 1^3 - 1^2 - 1 + 1 = 0$ より $f(x)$ は $x - 1$ で割り切れる.
組立除法を行うと

1	-1	-1	1	$\underline{\,1\,}$
	1	0	-1	
1	0	-1	0	

となるので $f(x) = (x-1)(x^2 - 1) = (x-1)^2(x+1)$ である.

(2)　$f(1) = -6$ より $f(x)$ は $x - 1$ では割り切れないが,
$f(-1) = 0$ より $f(x)$ は $x + 1$ で割り切れる. 組立除法を行うと

1	1	-4	-4	$\underline{-1}$
	-1	0	4	
1	0	-4	0	

となるので $f(x) = (x+1)(x^2 - 4) = (x+1)(x+2)(x-2)$ である.

(3)　$f(1) = 3$ より $f(x)$ は $x - 1$ で割り切れないし,
$f(-1) = 9$ より $f(x)$ は $x + 1$ でも割り切れないが,
$f(2) = 0$ より $f(x)$ は $x - 2$ で割り切れる. 組立除法を行うと

1	-2	-4	8	$\underline{\,2\,}$
	2	0	-8	
1	0	-4	0	

となるので $f(x) = (x-2)(x^2 - 4) = (x-2)^2(x+2)$ である. ■

練習問題 1.2A

1. 次の 2 次式を因数分解せよ.

(1)　$x^2 - 6x + 8$　　(2)　$x^2 - 5x - 6$　　(3)　$x^2 + 8x + 12$

(4) $3x^2 - 7x - 6$ (5) $4x^2 + 4x - 3$ (6) $x^2 + xy - 12y^2$

2. 展開公式を用いて因数分解せよ．

(1) $x^2 + 8x + 16$ (2) $x^2 - 9$

(3) $x^3 + 6x^2 + 12x + 8$ (4) $8x^3 + y^3$

3. 次の多項式 A, B について A を B で割った商と余りを求めよ．

(1) $A = 3x^4 + 7x^3 + x^2 + 14x + 7, B = x^2 + 3x + 1$

(2) $A = x^4 + 2x^3 + 4x + 19, B = x^2 - 2x + 3$

(3) $A = 4x^4 + 4x^3 - x^2 + 14x - 8, B = 2x^2 + 3x - 2$

(4) $A = 3x^3 + 2x^2 - 6x - 1, B = x - 2$

(5) $A = x^3 - 5x^2 + 8x - 3, B = x - 3$

(6) $A = x^4 - x^2 + 3x - 6, B = x + 2$

4. 因数定理を用いて因数分解せよ．

(1) $x^3 - 2x^2 - 5x + 6$

(2) $x^3 + 2x^2 - 5x - 6$

(3) $x^3 - x^2 - 14x + 24$

(4) $x^4 - 11x^3 + 41x^2 - 61x + 30$

練習問題 1.2B

1. $n = 2, 3, 4, 6, 8, 12$ のとき $x^n - 1$ を実数の範囲で因数分解せよ．

2. $a^4 + b^4 + c^4 - 2a^2b^2 - 2b^2c^2 - 2c^2a^2$ を 1 次式の積に因数分解せよ．

3. 次の 4 次式を 2 次式の積に因数分解せよ．

(1) $x^4 - 7x^2 + 10$ (2) $x^4 - 5x^3 + 6x^2 + x - 1$

(3) $x^4 + x^3 + x^2 + x + 1$

4. 因数定理を証明せよ．

5. 普通の割り算は引き算を用いるのに，組立除法では足し算を用いる理由を説明せよ．

6. 「多項式の割り算は見当をつけることなくまったく機械的にできるので，数の割り算よりも簡単である．」ということを例をあげて説明せよ．

1.3 分数式

$a \neq 0$ のとき，$1 = a^0, \dfrac{1}{a} = a^{-1}, \dfrac{1}{a^2} = a^{-2}, \dfrac{1}{a^3} = a^{-3}, \cdots$ と表すこともある．したがって，$b \neq 0$ のとき，$a \div b = \dfrac{a}{b} = a \cdot \dfrac{1}{b} = ab^{-1}$ である．実はこのようにべきの定義を整数に拡張しても**指数法則**が成り立つ．

指数法則

$b \neq 0, m, n$ が整数のとき，次が成り立つ．

(1) $a^m a^n = a^{m+n}$

(2) $(a^m)^n = a^{mn}$

(3) $(ab)^n = a^n b^n$

(4) $a^m \div a^n = a^{m-n}$

(5) $\left(\dfrac{a}{b}\right)^n = \dfrac{a^n}{b^n}$

$\dfrac{1}{a^3}$ や $\dfrac{2x-3}{x^2-3x+1}$ のような式を**分数式**という．

例題 1.11

次の式を簡単にせよ．

(1) $\dfrac{a^5}{a^3}, \dfrac{a^2}{a^4}, \dfrac{a^3}{a^3}$

(2) $(ab^{-2})^3 \times (a^{-2}b)^2$

(3) $\left(\dfrac{a^3}{b^2}\right)^{-2}$

(4) $\left(\dfrac{a^5 b^{-2}}{a^{-3} b^3}\right)^2$

(5) $(2a)^2 \div (8a^{-3})$

(6) $\dfrac{x^2 + x - 2}{x^2 - 3x + 2}$

(7) $\dfrac{3}{x+1} + \dfrac{2}{x-1}$

(8) $\dfrac{2x+1}{(x+1)(x-3)} - \dfrac{3}{(x+1)(x-2)}$

(9) $\dfrac{x^2 - x - 12}{x^2 + 6x + 8} \div \dfrac{x-4}{x+2}$

(10) $\dfrac{1 + \dfrac{3}{x+1}}{x + 2 - \dfrac{6}{x+1}}$

解

(1) $\dfrac{a^5}{a^3} = a^{5-3} = a^2$ あるいは $\dfrac{a^5}{a^3} = \dfrac{a \times a \times a \times a \times a}{a \times a \times a} = a^2$,

$$\frac{a^2}{a^4} = a^{2-4} = a^{-2} \text{ あるいは } \frac{a^2}{a^4} = \frac{a \times a}{a \times a \times a \times a} = \frac{1}{a^2},$$
$$\frac{a^3}{a^3} = a^{3-3} = a^0 = 1 \text{ あるいは } \frac{a^3}{a^3} = \frac{a \times a \times a}{a \times a \times a} = 1$$

(2) $(ab^{-2})^3 \times (a^{-2}b)^2 = (a^3 b^{-6}) \times (a^{-4} b^2) = (a^3 \times a^{-4}) \times (b^{-6} \times b^2)$
$= a^{-1} \times b^{-4} = \dfrac{1}{ab^4}$

(3) $\left(\dfrac{a^3}{b^2}\right)^{-2} = \dfrac{a^{-6}}{b^{-4}} = a^{-6}(b^{-4})^{-1} = a^{-6} b^4 = \dfrac{b^4}{a^6}$

(4) $\left(\dfrac{a^5 b^{-2}}{a^{-3} b^3}\right)^2 = \dfrac{a^{10} b^{-4}}{a^{-6} b^6} = a^{10-(-6)} b^{-4-6} = a^{16} b^{-10} = \dfrac{a^{16}}{b^{10}}$

(5) $(2a)^2 \div (8a^{-3}) = (2^2 a^2)(2^3 a^{-3})^{-1} = (2^2 a^2)(2^{-3} a^3) = 2^{-1} a^5 = \dfrac{a^5}{2}$

(6) $\dfrac{x^2 + x - 2}{x^2 - 3x + 2} = \dfrac{(x-1)(x+2)}{(x-1)(x-2)} = \dfrac{x+2}{x-2}$

(7) $\dfrac{3}{x+1} + \dfrac{2}{x-1} = \dfrac{3(x-1)}{(x+1)(x-1)} + \dfrac{2(x+1)}{(x-1)(x+1)} = \dfrac{5x-1}{x^2-1}$

(8) $\dfrac{2x+1}{(x+1)(x-3)} - \dfrac{3}{(x+1)(x-2)}$
$= \dfrac{(2x+1)(x-2)}{(x+1)(x-3)(x-2)} - \dfrac{3(x-3)}{(x+1)(x-2)(x-3)}$
$= \dfrac{(2x^2 - 3x - 2) - (3x - 9)}{(x+1)(x-2)(x-3)} = \dfrac{2x^2 - 6x + 7}{(x+1)(x-2)(x-3)}$

(9) $\dfrac{x^2 - x - 12}{x^2 + 6x + 8} \div \dfrac{x-4}{x+2} = \dfrac{(x+3)(x-4)}{(x+2)(x+4)} \times \dfrac{x+2}{x-4} = \dfrac{x+3}{x+4}$

(10) $\dfrac{1 + \dfrac{3}{x+1}}{x+2 - \dfrac{6}{x+1}} = \dfrac{\left(1 + \dfrac{3}{x+1}\right) \times (x+1)}{\left(x+2 - \dfrac{6}{x+1}\right) \times (x+1)} = \dfrac{(x+1) + 3}{(x+2)(x+1) - 6}$
$= \dfrac{x+4}{x^2 + 3x - 4} = \dfrac{x+4}{(x+4)(x-1)} = \dfrac{1}{x-1}$

積分するときに役に立つ分数の変形について述べる．まず分子の次数を分母の次数より下げることであり，これは過分数から帯分数を作るのに似ている．次に部分分数分解である．

> **例題 1.12**
> 分子の次数が分母の次数より低くなるようにせよ．
> (1) $\dfrac{x^2-1}{x^2+1}$ (2) $\dfrac{x^3+2x}{x^2+x+1}$

解

(1) 分子から分母を引くと，$(x^2-1)-(x^2+1)=-2$ より $x^2-1=(x^2+1)-2$．両辺を x^2+1 で割ると $\dfrac{x^2-1}{x^2+1}=1-\dfrac{2}{x^2+1}$

(2) 分子を分母で割ると

$$
\begin{array}{r}
1\ -1 \\
1\ 1\ 1\,\overline{)\,1\ \ 0\ \ 2\ \ 0} \\
\underline{1\ \ 1\ \ 1} \\
-1\ \ 1\ \ 0 \\
\underline{-1\ -1\ -1} \\
2\ \ 1
\end{array}
$$

より，$x^3+2x=(x^2+x+1)(x-1)+(2x+1)$ となるので，両辺を x^2+x+1 で割ると

$$\frac{x^3+2x}{x^2+x+1}=x-1+\frac{2x+1}{x^2+x+1}$$

となる．

定理（部分分数分解）

分子の次数が分母の次数より低い分数式において，分母が

$$(x+a)^m(x^2+bx+c)^n\cdots$$

と因数分解されているものとする．ここで m,n は非負整数であり，x^2+bx+c は実数の範囲では因数分解されない．このときこの分数式は

$$\frac{a_1}{x-a}+\frac{a_2}{(x-a)^2}+\cdots+\frac{a_m}{(x-a)^m}$$

$$+\frac{b_1x+c_1}{x^2+bx+c}+\frac{b_2x+c_2}{(x^2+bx+c)^2}+\cdots+\frac{b_nx+c_n}{(x^2+bx+c)^n}+\cdots$$

の形に 1 通りに部分分数分解される．

例題 1.13

次の分数式を部分分数に分解せよ．

(1) $\dfrac{x}{x^2+3x+2}$

(2) $\dfrac{1}{(x-1)(x-2)^2}$

(3) $\dfrac{1}{x^3+1}$

(4) $\dfrac{x^3+1}{(x^2+1)^2}$

(5) $\dfrac{x^3-x^2-2x+3}{(x-1)^2}$

解

(1) $x^2+3x+2=(x+1)(x+2)$ であるから $\dfrac{x}{x^2+3x+2}=\dfrac{a}{x+1}+\dfrac{b}{x+2}$ とおく．両辺に $(x+1)(x+2)$ を掛けて分母を払うと

$$x = a(x+2) + b(x+1)$$

となる．$x=-1$ を代入すると $-1=a$ であり，$x=-2$ を代入すると $-2=-b$ より $b=2$ である．ゆえに

$$\dfrac{x}{x^2+3x+2} = -\dfrac{1}{x+1} + \dfrac{2}{x+2}$$

が答えである．

あるいは次のようにしてもよい．

$\dfrac{x}{x^2+3x+2} = \dfrac{a}{x+1} + \dfrac{b}{x+2}$ の右辺を通分すると

$$\dfrac{x}{x^2+3x+2} = \dfrac{a(x+2)}{(x+1)(x+2)} + \dfrac{b(x+1)}{(x+2)(x+1)} = \dfrac{(a+b)x + (2a+b)}{(x+1)(x+2)}$$

であるから $x = (a+b)x + (2a+b)$ となる．

両辺の x の係数を比較して $a+b=1$，

定数項を比較して $2a+b=0$ を得る．

あとは連立方程式を解けばよい．

(2) $\dfrac{1}{(x-1)(x-2)^2} = \dfrac{a}{(x-1)} + \dfrac{b}{x-2} + \dfrac{c}{(x-2)^2}$ とおいて分母を払うと

$$1 = a(x-2)^2 + b(x-1)(x-2) + c(x-1)$$

である．$x=1$ を代入すると $a=1$，$x=2$ を代入すると $c=1$，$x=3$

を代入すると $1 = a + 2b + 2c$ となるから $b = -1$ もわかる．ゆえに
$$\frac{1}{(x-1)(x-2)^2} = \frac{1}{(x-1)} - \frac{1}{x-2} + \frac{1}{(x-2)^2}$$
が答えである．

(3) $x^3 + 1 = (x+1)(x^2 - x + 1)$ であるから $\dfrac{1}{x^3+1} = \dfrac{a}{x+1} + \dfrac{bx+c}{x^2-x+1}$ とおいて分母を払うと

$$\begin{aligned}1 &= a(x^2 - x + 1) + (bx + c)(x + 1) \\ &= ax^2 - ax + a + bx^2 + (b+c)x + c \\ &= (a+b)x^2 + (b+c-a)x + (a+c)\end{aligned}$$

となる．両辺の係数を比較すると $a + b = 0$, $b + c - a = 0$, $a + c = 1$ となるので，これを解くと $a = \dfrac{1}{3}$, $b = -\dfrac{1}{3}$, $c = \dfrac{2}{3}$ を得る．ゆえに

$$\frac{1}{x^3+1} = \frac{1}{3}\left(\frac{1}{x+1} + \frac{-x+2}{x^2-x+1}\right)$$

が答えである．

(4) $\dfrac{x^3+1}{(x^2+1)^2} = \dfrac{ax+b}{x^2+1} + \dfrac{cx+d}{(x^2+1)^2}$ とおいて分母を払うと

$$x^3 + 1 = (ax+b)(x^2+1) + cx + d = ax^3 + bx^2 + (a+c)x + (b+d)$$

となる．両辺の係数を比較すると $a = 1$, $b = 0$, $a + c = 0$, $b + d = 1$ となるので $c = -1$, $d = 1$ を得る．ゆえに

$$\frac{x^3+1}{(x^2+1)^2} = \frac{x}{x^2+1} + \frac{-x+1}{(x^2+1)^2}$$

が答えである．

(5) この問題では分子の次数が分母の次数以上なので分子を分母で割って考える．

$$\begin{array}{r}11\phantom{1123}\\ 1-21\overline{\smash{)}\,1-1-23}\\ 1-21\\ \overline{\phantom{1}1-33}\\ 1-21\\ \overline{\phantom{1-2}-12}\end{array}$$

であるから，$\dfrac{x^3-x^2-2x+3}{(x-1)^2}=x+1+\dfrac{-x+2}{(x-1)^2}$ となる．

$\dfrac{-x+2}{(x-1)^2}=\dfrac{a}{x-1}+\dfrac{b}{(x-1)^2}$ とおいて分母を払うと

$-x+2=a(x-1)+b=ax+b-a$ より，両辺を比較して $a=-1$, $2=b-a$ であるから $b=1$ である．ゆえに

$$\dfrac{x^3-x^2-2x+3}{(x-1)^2}=x+1-\dfrac{1}{x-1}+\dfrac{1}{(x-1)^2}$$

が答えである．

練習問題 1.3A

1. 次の式を簡単にせよ．

(1) $(x^2y^{-3})^2(x^{-4}y^3)^3$ 　　(2) $(4a^3)\times(2^{-3}a^{-2})$

(3) $\left(\dfrac{a^{-3}}{b^2}\right)^{-3}$ 　　(4) $(3a)^3\div(9a^4)$

(5) $\dfrac{x^2+7x+6}{x^2-5x-6}$ 　　(6) $\dfrac{x^2-2x-3}{2x^2-5x-3}$

(7) $\dfrac{2}{3x-4}+\dfrac{3}{2x-3}$ 　　(8) $\dfrac{3x-5}{x^2+x-6}-\dfrac{4x-3}{x^2+5x+6}$

(9) $\dfrac{x-4}{x-1}\div\dfrac{x^2-6x+8}{x^2+x-2}$ 　　(10) $\dfrac{x-3+\dfrac{1}{x-1}}{x+3-\dfrac{5}{x-1}}$

2. 分子の次数が分母の次数より低くなるようにせよ．

(1) $\dfrac{x^3+x^2+x+1}{x^2-x+1}$ 　　(2) $\dfrac{2x^4-x^3+3x^2-x+4}{x^2+1}$

3. 次の分数式を部分分数分解せよ．

(1) $\dfrac{1}{(x-3)(x-2)}$ 　　(2) $\dfrac{1}{(x+2)(x+1)}$

(3) $\dfrac{2x-3}{(x-1)(x-2)}$ 　　(4) $\dfrac{2x-3}{(x-1)(x+7)}$

(5) $\dfrac{x+2}{x^2+x}$ 　　(6) $\dfrac{1}{(x+1)(x+2)(x+3)}$

(7) $\dfrac{1}{x^3-x}$ 　　(8) $\dfrac{x}{(x+1)(x+2)^2}$

(9) $\dfrac{x+1}{(x-1)^2(x-2)}$ (10) $\dfrac{3x^2+5x+1}{(2x+3)(x+1)^2}$

練習問題 1.3B

1. $\dfrac{x^7+3x^6+2x^5+4x^4+x^3-x^2+x-3}{(x+1)^2(x^2+1)^2}$ を部分分数分解せよ．

2. 2つの式 $f_1(x)$ と $f_2(x)$ において，$f_1(x)$ の x に $f_2(x)$ を代入して得られる式を $f_1(f_2(x))$ で表す．たとえば，$f_1(x) = x^2$, $f_2(x) = 2x-1$ のとき $f_1(f_2(x)) = f_1(2x-1) = (2x-1)^2$, $f_2(f_1(x)) = f_2(x^2) = 2x^2-1$ である．次の $f_1(x), f_2(x)$ に対して $f_1(f_2(x))$ と $f_2(f_1(x))$ を求めよ．

    (1) $f_1(x) = \dfrac{1}{2x+1}$, $f_2(x) = x^2$

    (2) $f_1(x) = x^2 - x + 3$, $f_2(x) = x + 1$

    (3) $f_1(x) = \dfrac{1}{x^2-1}$, $f_2(x) = x - 2$

3. $f_1(x) = x$, $f_2(x) = \dfrac{x-1}{x}$, $f_3(x) = \dfrac{1}{1-x}$, $f_4(x) = 1-x$, $f_5(x) = \dfrac{x}{x-1}$, $f_6(x) = \dfrac{1}{x}$ のとき $i=1,\cdots,6$, $j=1,\cdots,6$ に対して $f_i(f_j(x))$ を計算せよ．結果は $f_1(x), \cdots, f_6(x)$ のいずれかになる．また，この様子を九九をまねて表により表せ．さらに $f_1(x), \cdots, f_6(x)$ が各行各列に1回ずつ現れることを確かめよ．

1.4 絶対値と平方根

整数は**自然数**（正の整数）と 0 と負の整数からなる．整数 a と 0 でない整数 b により $\dfrac{a}{b}$ と表される数を**有理数**という．整数 a は $\dfrac{a}{1}$ と表されるから有理数である．整数でない有理数は $\dfrac{1}{8} = 0.125$ のように有限小数になるときと，$\dfrac{1}{3} = 0.33333333\cdots$, $\dfrac{4}{33} = 0.12121212\cdots$ のように無限小数になるときがある．このように，整数でない有理数は有限小数または**循環小数**になる．循環しない無限小数の例としては，2の平方根 $\sqrt{2} = 1.41421356\cdots$ や円周率 $\pi = 3.14159265\cdots$ がある．循環しない無限小数を**無理数**という．有理数と

無理数をあわせて**実数**という．

実数を数直線上の点と考えるとき，この点と原点との距離を**絶対値**とよぶ．実数 a の絶対値を $|a|$ で表す．たとえば，$|-5|=5, |5|=5, |0|=0$ である．

すなわち実数の絶対値を求めるには，符号をとればよい．式で書くと次のようになる．

場合分けによる絶対値の表示

$$|a| = \begin{cases} a & (a \geqq 0) \\ -a & (a < 0) \end{cases}$$

例題 1.14

次の値を求めよ．
(1) $x = -1, -2, -3$ のときの $\left|x + \dfrac{3}{2}\right| + \left|x + \dfrac{5}{2}\right|$ の値
(2) $x = 1, 2$ のときの $|x - \sqrt{3}|$ の値
(3) $x = 3, 5, 7$ のときの $|x - \pi| - |x - 2\pi|$ の値

解

(1) $x = -1$ のとき $\left|x + \dfrac{3}{2}\right| + \left|x + \dfrac{5}{2}\right| = \left|-1 + \dfrac{3}{2}\right| + \left|-1 + \dfrac{5}{2}\right| = \left|\dfrac{1}{2}\right| + \left|\dfrac{3}{2}\right| = 2$

$x = -2$ のとき $\left|x + \dfrac{3}{2}\right| + \left|x + \dfrac{5}{2}\right| = \left|-2 + \dfrac{3}{2}\right| + \left|-2 + \dfrac{5}{2}\right| = \left|-\dfrac{1}{2}\right| + \left|\dfrac{1}{2}\right| = 1$

$x = -3$ のとき $\left|x + \dfrac{3}{2}\right| + \left|x + \dfrac{5}{2}\right| = \left|-3 + \dfrac{3}{2}\right| + \left|-3 + \dfrac{5}{2}\right| = \left|-\dfrac{3}{2}\right| + \left|-\dfrac{1}{2}\right| = 2$

(2) $x = 1$ のとき $1 < \sqrt{3}$ であるから $|x - \sqrt{3}| = |1 - \sqrt{3}| = \sqrt{3} - 1$

$x = 2$ のとき $\sqrt{3} < 2$ であるから $|x - \sqrt{3}| = |2 - \sqrt{3}| = 2 - \sqrt{3}$

(3) $x = 3$ のとき $3 < \pi < 2\pi$ であるから

$|x - \pi| - |x - 2\pi| = |3 - \pi| - |3 - 2\pi| = (\pi - 3) - (2\pi - 3) = -\pi$

$x = 5$ のとき $\pi < 5 < 2\pi$ であるから

$|x - \pi| - |x - 2\pi| = |5 - \pi| - |5 - 2\pi| = (5 - \pi) - (2\pi - 5) = 10 - 3\pi$

$x=7$ のとき $\pi < 2\pi < 7$ であるから

$$|x-\pi|-|x-2\pi|=|7-\pi|-|7-2\pi|=(7-\pi)-(7-2\pi)=\pi$$

例題 1.15

次を満たす x を求めよ．
(1) $|x|=4$
(2) $|x-2|=3$
(3) $|x| \leqq 5$
(4) $|x+1| \leqq 2$

解
(1) $x=4, -4$
(2) 2からの距離が3であるから $x=2+3, 2-3$ すなわち $x=5, -1$
(3) $-5 \leqq x \leqq 5$
(4) $|x-(-1)| \leqq 2$ と考えると，-1 からの距離が2以下であるから
$-1-2 \leqq x \leqq -1+2$ すなわち $-3 \leqq x \leqq 1$

例題 1.16

絶対値の性質を証明せよ．
(1) $|-a|=|a|$
(2) $|a|^2=a^2$
(3) $|ab|=|a||b|$
(4) $\left|\dfrac{a}{b}\right|=\dfrac{|a|}{|b|} (b \neq 0)$
(5) $|a+b| \leqq |a|+|b|$

解
(1) 絶対値は原点からの距離であるから，実数の符号を変えても向きが変わるだけで絶対値は変わらない．
(2) 2乗すると符号の影響がなくなるから両辺は等しい．
(3) 絶対値を求めるには符号をとればよいので等号が成り立つ．
(4) 絶対値を求めるには符号をとればよいので等号が成り立つ．
(5) $a=0$ または $b=0$ のときは等号が成り立つ．a, b が同符号のときも等号が成り立つ．a, b が異符号のときは打ち消す分があるので不等号となる．あるいは次のようにする．

両辺は正か0であるから，両辺を2乗して比較すればよい．両辺を2乗して(2)を用いると

$$(\text{左辺})^2 = |a+b|^2 = (a+b)^2 = a^2 + 2ab + b^2$$

$$(\text{右辺})^2 = (|a|+|b|)^2 = |a|^2 + 2|a||b| + |b|^2 = a^2 + 2|a||b| + b^2$$

となるが(3)より$ab \leqq |ab| = |a||b|$であるから$(\text{左辺})^2 \leqq (\text{右辺})^2$である．

このように絶対値は2乗すると絶対値がとれて扱いやすい．

$a \geqq 0$のとき，2乗してaになる数をaの**平方根**という．$a > 0$のときaの平方根は2つあり，正の方を$\sqrt{a}$，負の方を$-\sqrt{a}$と書く．

―― 例題 1.17 ――
次の値を求めよ．
(1) $\sqrt{16}, \sqrt{49}, \sqrt{121}$　　　(2) $-\sqrt{25}, -\sqrt{81}, -\sqrt{169}$

解

(1) $4^2 = 16$より$\sqrt{16} = 4$, $7^2 = 49$より$\sqrt{49} = 7$, $11^2 = 121$より$\sqrt{121} = 11$

(2) $5^2 = 25$より$-\sqrt{25} = -5$, $9^2 = 81$より$-\sqrt{81} = -9$, $13^2 = 169$より$-\sqrt{169} = -13$

―― 例題 1.18 ――
次の方程式を解け．
(1) $x^2 = 7$　　　(2) $(x-2)^2 = 5$
(3) $(x+3)^2 = 11$

解

(1) $x = \pm\sqrt{7}$
(2) $x - 2 = \pm\sqrt{5}$より$x = 2 \pm \sqrt{5}$
(3) $x + 3 = \pm\sqrt{11}$より$x = -3 \pm \sqrt{11}$

例題 1.19

次を示せ.

(1) $\sqrt{a^2} = |a|$ 　　　　　(2) $\sqrt{a}\sqrt{b} = \sqrt{ab}$ $(a, b \geqq 0)$

(3) $\dfrac{\sqrt{a}}{\sqrt{b}} = \sqrt{\dfrac{a}{b}}$ $(a \geqq 0, b > 0)$

解

(1) $(右辺)^2 = a^2$ であるから平方根の定義より $(右辺) = \sqrt{a^2}$

(2) $(左辺)^2 = (\sqrt{a}\sqrt{b})^2 = (\sqrt{a})^2(\sqrt{b})^2 = ab$ であるから平方根の定義より $(左辺) = \sqrt{ab}$

(3) $(左辺)^2 = \left(\dfrac{\sqrt{a}}{\sqrt{b}}\right)^2 = \dfrac{(\sqrt{a})^2}{(\sqrt{b})^2} = \dfrac{a}{b}$ であるから平方根の定義より

$(左辺) = \sqrt{\dfrac{a}{b}}$

例題 1.20

次の式を簡単にせよ.

(1) $\sqrt{12}, \sqrt{18}, \sqrt{24}$ 　　　　　(2) $\sqrt{28} - \sqrt{63} + \sqrt{112}$

(3) $2\sqrt{32} - 3\sqrt{27} - \sqrt{50} + \sqrt{48}$ 　　　　　(4) $(2 + \sqrt{2})^2 - (2 - \sqrt{2})^2$

解

(1) $\sqrt{12} = \sqrt{4 \cdot 3} = \sqrt{4} \cdot \sqrt{3} = 2\sqrt{3}$, $\sqrt{18} = \sqrt{9 \cdot 2} = \sqrt{9} \cdot \sqrt{2} = 3\sqrt{2}$, $\sqrt{24} = \sqrt{4 \cdot 6} = \sqrt{4} \cdot \sqrt{6} = 2\sqrt{6}$

(2) $\sqrt{28} - \sqrt{63} + \sqrt{112} = 2\sqrt{7} - 3\sqrt{7} + 4\sqrt{7} = 3\sqrt{7}$

(3) $2\sqrt{32} - 3\sqrt{27} - \sqrt{50} + \sqrt{48} = 8\sqrt{2} - 9\sqrt{3} - 5\sqrt{2} + 4\sqrt{3} = 3\sqrt{2} - 5\sqrt{3}$

(4) $(2 + \sqrt{2})^2 - (2 - \sqrt{2})^2 = (6 + 4\sqrt{2}) - (6 - 4\sqrt{2}) = 8\sqrt{2}$ であるが, 和と差の積の公式を用いて $\{(2+\sqrt{2})+(2-\sqrt{2})\}\{(2+\sqrt{2})-(2-\sqrt{2})\} = 4 \cdot 2\sqrt{2} = 8\sqrt{2}$ としてもよい.

分母に $\sqrt{}$ があるとき, 分母に $\sqrt{}$ がなくなるように変形することを分母を**有理化する**という.

例題 1.21

分母を有理化せよ．
(1) $\dfrac{1}{\sqrt{2}}, \dfrac{5}{2\sqrt{3}}, \dfrac{2+\sqrt{3}}{\sqrt{12}}$
(2) $\dfrac{1}{\sqrt{2}-1}$
(3) $\dfrac{\sqrt{3}+\sqrt{2}}{\sqrt{3}-\sqrt{2}}$
(4) $\dfrac{\sqrt{5}-\sqrt{3}}{\sqrt{12}+\sqrt{5}}$

解

(1) $\dfrac{1}{\sqrt{2}} = \dfrac{\sqrt{2}}{\sqrt{2}\cdot\sqrt{2}} = \dfrac{\sqrt{2}}{2}$, $\dfrac{5}{2\sqrt{3}} = \dfrac{5\sqrt{3}}{2\sqrt{3}\cdot\sqrt{3}} = \dfrac{5\sqrt{3}}{6}$,

$\dfrac{2+\sqrt{3}}{\sqrt{12}} = \dfrac{2+\sqrt{3}}{2\sqrt{3}} = \dfrac{(2+\sqrt{3})\sqrt{3}}{2\sqrt{3}\cdot\sqrt{3}} = \dfrac{3+2\sqrt{3}}{6}$

(2) $\dfrac{1}{\sqrt{2}-1} = \dfrac{(\sqrt{2}+1)}{(\sqrt{2}-1)(\sqrt{2}+1)} = \dfrac{\sqrt{2}+1}{2-1} = \sqrt{2}+1$

(3) $\dfrac{\sqrt{3}+\sqrt{2}}{\sqrt{3}-\sqrt{2}} = \dfrac{(\sqrt{3}+\sqrt{2})^2}{(\sqrt{3}-\sqrt{2})(\sqrt{3}+\sqrt{2})} = \dfrac{5+2\sqrt{6}}{3-2} = 5+2\sqrt{6}$

(4) $\dfrac{\sqrt{5}-\sqrt{3}}{\sqrt{12}+\sqrt{5}} = \dfrac{\sqrt{5}-\sqrt{3}}{2\sqrt{3}+\sqrt{5}} = \dfrac{(\sqrt{5}-\sqrt{3})(2\sqrt{3}-\sqrt{5})}{(2\sqrt{3}+\sqrt{5})(2\sqrt{3}-\sqrt{5})}$

$= \dfrac{2\sqrt{15}-6-5+\sqrt{15}}{12-5} = \dfrac{-11+3\sqrt{15}}{7}$

例題 1.22

次の 2 重根号をはずせ．
(1) $\sqrt{5+2\sqrt{6}}$
(2) $\sqrt{4-\sqrt{12}}$
(3) $\sqrt{7+4\sqrt{3}}$
(4) $\sqrt{4-\sqrt{15}}$

解

(1) $\sqrt{5+2\sqrt{6}} = \sqrt{a}+\sqrt{b}$ とおいて両辺を 2 乗すると

$5+2\sqrt{6} = a+b+2\sqrt{ab}$ であるから，

$\begin{cases} a+b=5 \\ ab=6 \end{cases}$ なる a,b を求めればよい．

この a,b は $t^2-5t+6=0$ の解であるから 2,3 とわかる．

よって，答えは $\sqrt{5+2\sqrt{6}} = \sqrt{2}+\sqrt{3}$ である．

(2) まず $\sqrt{4-\sqrt{12}} = \sqrt{4-2\sqrt{3}}$ と変形する．
$\sqrt{4-2\sqrt{3}} = \sqrt{a} - \sqrt{b}\ (a>b)$ とおいて両辺を 2 乗すると
$4-2\sqrt{3} = a+b-2\sqrt{ab}$ であるから，
$$\begin{cases} a+b=4 \\ ab=3 \end{cases}$$ なる a,b を求めればよい．この a,b は
$t^2-4t+3=0$ の解であるが，$a>b$ であるから $a=3, b=1$ である．
よって，答えは $\sqrt{4-2\sqrt{3}} = \sqrt{3}-1$ である．

(3) まず $\sqrt{7+4\sqrt{3}} = \sqrt{7+2\sqrt{12}}$ と変形する．
$\sqrt{7+2\sqrt{12}} = \sqrt{a} + \sqrt{b}$ とおいて両辺を 2 乗すると
$7+2\sqrt{12} = a+b+2\sqrt{ab}$ であるから，
$$\begin{cases} a+b=7 \\ ab=12 \end{cases}$$ なる a,b を求めればよい．
この a,b は $t^2-7t+12=0$ の解であるから $3,4$ とわかる．
よって，答えは $\sqrt{7+4\sqrt{3}} = \sqrt{3}+\sqrt{4} = 2+\sqrt{3}$ である．

(4) まず $\sqrt{4-\sqrt{15}} = \sqrt{\dfrac{8-2\sqrt{15}}{2}} = \dfrac{\sqrt{2}}{2}\sqrt{8-2\sqrt{15}}$ と変形する．
$\sqrt{8-2\sqrt{15}} = \sqrt{a}-\sqrt{b}\ (a>b)$ とおいて両辺を 2 乗すると
$8-2\sqrt{15} = a+b-2\sqrt{ab}$ であるから，
$$\begin{cases} a+b=8 \\ ab=15 \end{cases}$$ なる a,b を求めればよい．この a,b は
$t^2-8t+15=0$ の解であり，$a>b$ であるから $a=5, b=3$ である．
よって，答えは $\sqrt{4-\sqrt{15}} = \dfrac{\sqrt{2}}{2}(\sqrt{5}-\sqrt{3}) = \dfrac{\sqrt{10}-\sqrt{6}}{2}$ である．

─ 例題 1.23 ─

次のことを証明せよ．
(1) 2 乗して偶数となる整数は偶数である．
(2) $\sqrt{2}$ は無理数である．

解
(1) m を整数とするとき $(2m)^2 = 4m^2,\ (2m-1)^2 = 4m^2-4m+1$ である．

よって，2 乗して偶数となる整数は偶数である．

(2) $\sqrt{2}$ が有理数であると仮定すると $\sqrt{2} = \dfrac{b}{a}$ なる自然数 a, b が存在する．ここで $\dfrac{b}{a}$ は**既約分数**とする．すなわちこれ以上約分できないようにしておく．分母を払うと $\sqrt{2}a = b$ となるが，両辺を 2 乗すると $2a^2 = b^2$ で左辺は偶数であるから，(1) より b は偶数である．よって，$b = 2b'$ と書ける．したがって，$2a^2 = 4b'^2$ より $a^2 = 2b'^2$ となる．右辺は偶数であるから再び (1) より a も偶数である．これは $\dfrac{b}{a}$ が既約分数であるということに反する．ゆえに $\sqrt{2}$ が有理数であるということが誤りである．

このように結論を否定することにより矛盾を導く証明法を**背理法**という．

練習問題 1.4A

1. 次の値を求めよ．
    (1) $x = -1, -2, -3$ のときの $|x + \sqrt{2}| + |x + \sqrt{5}|$ の値
    (2) $x = 1, 3, 5$ のときの $\left|x - \dfrac{\pi}{2}\right| - \left|x - \dfrac{3\pi}{2}\right|$ の値
2. 次を満たす x を求めよ．
    (1) $|x| = \sqrt{5}$ (2) $|x + 4| = 2$
    (3) $|x| \leqq \sqrt{7}$ (4) $|x - 1| \leqq \sqrt{2}$
3. 次の平方根を求めよ．
    (1) $\sqrt{36}, \sqrt{64}, \sqrt{144}$ (2) $-\sqrt{81}, -\sqrt{196}, -\sqrt{225}$
4. 次の方程式を解け．
    (1) $x^2 = 8$ (2) $(x+4)^2 = 7$ (3) $(x-2)^2 = 13$
5. 次の式を簡単にせよ．
    (1) $\sqrt{45}, \sqrt{75}, \sqrt{96}$ (2) $\sqrt{54} + 3\sqrt{24} - 2\sqrt{150}$
    (3) $2\sqrt{20} + 4\sqrt{45} - 3\sqrt{125}$ (4) $(3+\sqrt{3})^3 - (3-\sqrt{3})^3$
6. 分母を有理化せよ．
    (1) $\dfrac{3}{\sqrt{5}}, \dfrac{2}{5\sqrt{7}}, \dfrac{3+\sqrt{2}}{\sqrt{18}}$ (2) $\dfrac{2}{\sqrt{3}+\sqrt{2}}$
    (3) $\dfrac{\sqrt{6}+\sqrt{2}}{\sqrt{6}-\sqrt{2}}$ (4) $\dfrac{\sqrt{8}-\sqrt{6}}{\sqrt{8}+\sqrt{6}}$
7. 次の 2 重根号をはずせ．

(1) $\sqrt{9+2\sqrt{14}}$ (2) $\sqrt{5+\sqrt{24}}$

(3) $\sqrt{22-8\sqrt{6}}$ (4) $\sqrt{6+\sqrt{35}}$

練習問題 1.4B

1. $f(x) = |x+2| + |x-2|$ の最小値を求めよ．
2. $f(x) = x^3 + 5x^2 + 2x - 3$ のとき，$f(-2+\sqrt{3})$ を求めよ．
3. 次のことを証明せよ．
   (1) 2乗して3の倍数となる整数は3の倍数である．
   (2) $\sqrt{3}$ は無理数である．
4. 11 から 19 までの自然数に対し，その平方を覚えよ．
5. $n = 2, 3, 5, 6, 7, 8, 10$ のとき，$\sqrt{n}$ の覚え方を調べよ．
6. A4判の紙は横 210 mm 縦 297 mm であるが，半分に折っても横縦比は変わらない．この横縦比を求めよ．

2 方程式と不等式

2.1 複素数

方程式 $x^2 = 3$ は有理数の中では解が見つからないが，その範囲の外の数である無理数を用いれば $x = \pm\sqrt{3}$ という解が見つかる．有理数と無理数を合わせた数の範囲が**実数**であるが，方程式 $x^2 = -1$ は実数の範囲には解が見つからない．そこで，2乗（平方）して -1 になる新しい数を1つ考え，文字 i で表す．

$$i^2 = -1 \quad i \text{ を虚数単位という．}$$

任意の実数 a, b を用いて $a + bi$ という形で表される数を考える．このような数を**複素数**とよぶ．

$$(\sqrt{3}i)^2 = (\sqrt{3})^2 i^2 = 3 \times (-1) = -3$$
$$(-\sqrt{3}i)^2 = (-\sqrt{3})^2 i^2 = 3 \times (-1) = -3$$

したがって，$\sqrt{3}i$ と $-\sqrt{3}i$ は方程式 $x^2 = -3$ の解であり，この2つは -3 の平方根である．

$z = a + bi$ において $b = 0$ のとき z は実数となる．$a = 0, b \neq 0$ のときは $z = bi$ を**純虚数**という．a を z の**実部**，b を**虚部**という．また，$b \neq 0$ であるとき z を**虚数**という．

2つの複素数 $a + bi, c + di$ は次のように加減乗除を計算して，再び $A + Bi$ という形に表される．

加法 : $(a+bi)+(c+di) = (a+c)+(b+d)i$

減法 : $(a+bi)-(c+di) = (a-c)+(b-d)i$

乗法 : $(a+bi)(c+di) = ac+(ad+bc)i+bdi^2$
$$= (ac-bd)+(ad+bc)i$$

除法 : $\dfrac{a+bi}{c+di} = \dfrac{(a+bi)(c-di)}{(c+di)(c-di)} = \dfrac{ac+(bc-ad)i-bdi^2}{c^2-d^2i^2}$
$$= \dfrac{(ac+bd)+(bc-ad)i}{c^2+d^2} = \dfrac{ac+bd}{c^2+d^2}+\dfrac{bc-ad}{c^2+d^2}i$$

2つの複素数が等しいことを次のように定める.

$$a+bi = c+di \Longleftrightarrow a=c \text{ かつ } b=d$$

したがって，特に $a+bi = 0 \Longleftrightarrow a=b=0$

$a>0$ とすると $-a<0$ であるが，

$$(\sqrt{a}i)^2 = (\sqrt{a})^2 i^2 = a \times (-1) = -a$$
$$(-\sqrt{a}i)^2 = (-\sqrt{a})^2 i^2 = a \times (-1) = -a$$

よって，$\pm\sqrt{a}i$ は2乗（平方）すると $-a$ になる複素数であるので，負の数 $-a$ の平方根ということができる．$\sqrt{a}i = \sqrt{-a}$ と定める．特に $i = \sqrt{-1}$ とする．

2.2　2次方程式

文字 x を含む等式であって，特別の値を x に代入したときに限って成り立つものを，x の**方程式**という．

方程式を満たす x の値をその方程式の**解**といい，すべての解を求めることを，**方程式を解く**という．

例題 2.1

方程式 $x^2 - 5x + 6 = 0$ を解け．

解　　左辺を因数分解すると，$(x-2)(x-3) = 0$.

よって，$x-2=0$ または $x-3=0$.
したがって，解は $x=2,3$.

方程式の左辺が3次式であって，因数分解されて
$$(x-2)(x-4)(x+5)=0$$
となった場合には，解は $x=2,4,-5$ となる．

─ 例題 2.2 ─────────
方程式 $3x^2+5x-2=0$ を解け．

解 左辺を因数分解すると，$(3x-1)(x+2)=0$.
よって，$3x-1=0$ または $x+2=0$.
したがって，解は $x=\dfrac{1}{3},-2$.

─ 例題 2.3 ─────────
方程式 $(x+2)^2=3$ を解け．

解 $x+2$ を2乗すると3になるので，$x+2=\pm\sqrt{3}$.
よって，$x=-2\pm\sqrt{3}$

─ 例題 2.4 ─────────
方程式 $x^2-6x+4=0$ を解け．

解
$$x^2-6x=-4$$
$$x^2-6x+9=-4+9=5$$
$$(x-3)^2=5$$
$$x-3=\pm\sqrt{5}$$
よって，$x=3\pm\sqrt{5}$.

x^2-6x+4 は因数分解できないので，例題1や例題2の方法では解けないが，上のような方法で解くことができた．

この方法を用いて解の公式を導いてみる．

$ax^2 + bx + c = 0 \, (a \neq 0)$ を解け.
$$x^2 + \frac{b}{a}x + \frac{c}{a} = 0$$
$$x^2 + \frac{b}{a}x = -\frac{c}{a}$$
$$x^2 + \frac{b}{a}x + \left(\frac{b}{2a}\right)^2 = \left(\frac{b}{2a}\right)^2 - \frac{c}{a}$$
$$\left(x + \frac{b}{2a}\right)^2 = \frac{b^2}{4a^2} - \frac{c}{a} = \frac{b^2 - 4ac}{4a^2}$$
$$x + \frac{b}{2a} = \pm\sqrt{\frac{b^2 - 4ac}{4a^2}} = \pm\frac{\sqrt{b^2 - 4ac}}{2a}$$

よって,$x = -\frac{b}{2a} \pm \frac{\sqrt{b^2 - 4ac}}{2a}$. したがって,

$$x = \frac{-b \pm \sqrt{b^2 - 4ac}}{2a} \quad \textbf{(2 次方程式の解の公式)}$$

$b^2 - 4ac$ の値をこの 2 次方程式の**判別式**という.

例題 1 ～ 4 の方程式はどれも 2 つの異なる実数を解としてもっていた.実数である解を**実数解**という.

例 1 $x^2 - 6x + 9 = 0$ は $(x-3)^2 = 0$ と因数分解されるので解は $x = 3$ だけである.よって,この 2 次方程式は実数解を 1 個だけもつ.このような解は,2 つの実数解が重なったものと考え,**重解**という.

例 2 $x^2 + x + 1 = 0$ を解の公式によって解くと,解は $x = \frac{-1 \pm \sqrt{3}i}{2}$ となる.したがって,解は 2 つの異なる虚数である.虚数になる理由は解の公式の中の $b^2 - 4ac$ が負になるからである.

2 次方程式 $ax^2 + bx + c = 0$ の $b^2 - 4ac$ を D とする.D をこの方程式の判別式という.D の値により,2 次方程式の解の様子は次のようにいうことができる.

(1) $D > 0 \iff$ 異なる 2 つの実数解をもつ
(2) $D = 0 \iff$ 重解(1 つの実数解)をもつ
(3) $D < 0 \iff$ 異なる 2 つの虚数解をもつ

例題 2.5

2次方程式 $3x^2 + 6x + k = 0$ が異なる2つの実数解をもつような定数 k の値の範囲を求めよ．

解 $D = 6^2 - 4 \times 3 \times k = 36 - 12k$．異なる2つの実数解をもつのは $D > 0$ のときであるから

$$36 - 12k > 0$$

したがって，$k < 3$．

例題 2.6

2次方程式 $2x^2 - 8x + k = 0$ が重解をもつように実数 k の値を定め，その重解を求めよ．

解 $D = (-8)^2 - 4 \times 2 \times k = 64 - 8k$．重解をもつのは $D = 0$ のときだから

$$64 - 8k = 0$$

よって，$k = 8$.
このとき方程式は $2x^2 - 8x + 8 = 0$ となるので

$$x^2 - 4x + 4 = 0$$

$$(x-2)^2 = 0$$

ゆえに重解は $x = 2$．

2.3 解と係数の関係

2次方程式 $ax^2 + bx + c = 0$ の2つの解を α, β とし，$\alpha = \dfrac{-b + \sqrt{b^2 - 4ac}}{2a}$, $\beta = \dfrac{-b - \sqrt{b^2 - 4ac}}{2a}$ とおく．このとき

$$\alpha + \beta = \frac{-b + \sqrt{b^2 - 4ac}}{2a} + \frac{-b - \sqrt{b^2 - 4ac}}{2a} = \frac{-2b}{2a} = -\frac{b}{a}$$

$$\alpha\beta = \frac{-b + \sqrt{b^2 - 4ac}}{2a} \times \frac{-b - \sqrt{b^2 - 4ac}}{2a} = \frac{b^2 - (b^2 - 4ac)}{4a^2} = \frac{4ac}{4a^2} = \frac{c}{a}$$

このように，2つの解の和と積は方程式の係数 a, b, c を用いて簡単に表される．

$$\alpha + \beta = -\frac{b}{a}, \ \alpha\beta = \frac{c}{a} \quad \text{(解と係数の関係)}$$

例題 2.7

方程式 $2x^2 + 3x + 5 = 0$ の2つの解を α, β とする．次の値を求めよ．
(1) $\alpha\beta^2 + \alpha^2\beta$ (2) $\alpha^2 + \beta^2$

解 解と係数の関係より，$\alpha + \beta = -\dfrac{3}{2}, \ \alpha\beta = \dfrac{5}{2}$．

(1) $\alpha\beta^2 + \alpha^2\beta = \alpha\beta(\beta + \alpha) = \dfrac{5}{2}\left(-\dfrac{3}{2}\right) = -\dfrac{15}{4}$

(2) $\alpha^2 + \beta^2 = (\alpha+\beta)^2 - 2\alpha\beta = \left(-\dfrac{3}{2}\right)^2 - 2\times\dfrac{5}{2} = \dfrac{9}{4} - 5 = -\dfrac{11}{4}$

解と係数の関係を用いて2次式を因数分解できることを示す．
$$ax^2 + bx + c = a\left(x^2 + \frac{b}{a}x + \frac{c}{a}\right) = a\left\{x^2 - (\alpha+\beta)x + \alpha\beta\right\}$$
$$= a(x-\alpha)(x-\beta)$$

このように，2次式は方程式の解 α, β を用いて常に因数分解することができる．

例題 2.8

次の2次式を因数分解せよ．
(1) $x^2 + 2x - 2$ (2) $3x^2 - 4x + 2$

解

(1) $x^2 + 2x - 2 = 0$ の解は $x = \dfrac{-2 \pm \sqrt{4+8}}{2} = \dfrac{-2 \pm 2\sqrt{3}}{2} = -1 \pm \sqrt{3}$．

$x^2 + 2x - 2 = \left\{x - (-1+\sqrt{3})\right\}\left\{x - (-1-\sqrt{3})\right\} = (x+1-\sqrt{3})(x+1+\sqrt{3})$

(2) $3x^2 - 4x + 2 = 0$ の解は
$$x = \frac{4 \pm \sqrt{16-24}}{2\times 3} = \frac{4 \pm \sqrt{-8}}{6} = \frac{4 \pm 2\sqrt{2}i}{6} = \frac{2 \pm \sqrt{2}i}{3}.$$

$$3x^2 - 4x + 2 = 3\left(x - \frac{2+\sqrt{2}i}{3}\right)\left(x - \frac{2-\sqrt{2}i}{3}\right)$$

2.4 種々の方程式

例題 2.9

次の方程式を解け.
(1) $x^3 - 4x^2 + x + 6 = 0$ (2) $x^6 - 1 = 0$

解

(1) $f(x) = x^3 - 4x^2 + x + 6$ とおくと $f(-1) = 0$, よって, $f(x)$ は因数定理により $x+1$ で割り切れる. $f(x)$ を $x+1$ で割った商は $x^2 - 5x + 6$ となるので

$$f(x) = (x+1)(x^2 - 5x + 6) = (x+1)(x-2)(x-3).$$

方程式は
$$(x+1)(x-2)(x-3) = 0$$
となるので, $x = -1, 2, 3$.

(2) $x^6 - 1 = (x^3+1)(x^3-1) = (x+1)(x^2-x+1)(x-1)(x^2+x+1)$
$x^2 - x + 1 = 0$ の解は $x = \dfrac{1 \pm \sqrt{3}i}{2}$,
$x^2 + x + 1 = 0$ の解は $x = \dfrac{-1 \pm \sqrt{3}i}{2}$.
したがって, 解は $x = \pm 1, \dfrac{1 \pm \sqrt{3}i}{2}, \dfrac{-1 \pm \sqrt{3}i}{2}$.

例題 2.10

次の連立方程式を解け.

$$\begin{cases} x + 2y + 3z = 9 & \cdots\cdots ① \\ 2x - y + 2z = 11 & \cdots\cdots ② \\ 3x + 3y - 2z = -3 & \cdots\cdots ③ \end{cases}$$

解 ① $+ 2 \times$ ② より, $5x + 7z = 31$ $\cdots\cdots$ ④
③ $+ 3 \times$ ② より, $9x + 4z = 30$ $\cdots\cdots$ ⑤
$4 \times$ ④ $- 7 \times$ ⑤ より, $-43x = 124 - 210 = -86$, $x = 2$.
④に x の値を代入して, $10 + 7z = 31$, $7z = 21$, $z = 3$.

①に x, z の値を代入して， $2 + 2y + 9 = 9$, $2y = -2$, $y = -1$.
したがって， $x = 2, y = -1, z = 3$.

例題 2.11

次の連立方程式を解け．
$$\begin{cases} x + 3y = 2 & \cdots\cdots ① \\ x^2 - 6y^2 - 5x = 12 & \cdots\cdots ② \end{cases}$$

解　①より $x = 2 - 3y$. これを②へ代入する．
$$(2 - 3y)^2 - 6y^2 - 5(2 - 3y) = 12$$
$$4 - 12y + 9y^2 - 6y^2 - 10 + 15y - 12 = 0$$
$$3y^2 + 3y - 18 = 0$$
$$y^2 + y - 6 = 0 \quad (y + 3)(y - 2) = 0$$

$y = -3, 2$
$y = -3$ のとき $x = 2 - 3y = 11$.
$y = 2$ のとき $x = 2 - 6 = -4$.
解は $\begin{cases} x = 11 \\ y = -3 \end{cases}$, $\begin{cases} x = -4 \\ y = 2 \end{cases}$.

2.5　恒等式

常に成り立つ等式を**恒等式**という．結果として，等式に含まれている文字に任意の値を代入しても成り立つ．

例 3　$(x + 3)^2 = x^2 + 6x + 9$
$x^3 + y^3 = (x + y)(x^2 - xy + y^2)$

例 4　展開の公式，因数分解の公式はすべて恒等式である．

例題 2.12

次の等式が x についての恒等式となるように，定数 a, b, c の値を定めよ．
$$4x^2 + 3x - 5 = a + b(x-1) + c(x-1)(x+1)$$

解　右辺 $= cx^2 + bx + a - b - c$

これを左辺と比較すると

$c = 4,\ b = 3,\ a - b - c = -5$

よって，$a = b + c - 5 = 4 + 3 - 5 = 2$．

以上により $a = 2,\ b = 3,\ c = 4$.

例題 2.13

次の式が恒等式となるように，定数 a, b の値を定めよ．
$$\frac{4}{(x+3)(x-1)} = \frac{a}{x+3} + \frac{b}{x-1}$$

解　右辺 $= \dfrac{a(x-1) + b(x+3)}{(x+3)(x-1)} = \dfrac{(a+b)x + (-a+3b)}{(x+3)(x-1)}$

これを左辺と比べて $(a+b)x + (-a+3b) = 4$. よって，

$$a + b = 0 \quad \cdots\cdots ① \qquad -a + 3b = 4 \quad \cdots\cdots ②$$

$b = -a$ だから ② へ代入して $-a - 3a = 4,\ -4a = 4$.

$a = -1,\ b = -a = 1$. したがって，$a = -1,\ b = 1$.

[注]　左辺の分数式を右辺の和に変形することを，**部分分数分解**する，という．

2.6　2 次不等式

ある x について不等式 $(x-2)(x-5) > 0$ が成り立つとする．このとき $x-2$ と $x-5$ の積が正だから，両方とも正か，または両方とも負になっている．

「$x - 2 > 0$ かつ $x - 5 > 0$」ならば「$x > 2$ かつ $x > 5$」だから，x は $x > 5$ を満たす．

「$x - 2 < 0$ かつ $x - 5 < 0$」ならば「$x < 2$ かつ $x < 5$」だから，x は $x < 2$ を満たす．

逆に，$x>5$ ならば「$x-2>0$ かつ $x-5>0$」だから $(x-2)(x-5)>0$ となり，$x<2$ ならば「$x-2<0$ かつ $x-5<0$」だからやはり $(x-2)(x-5)>0$ となる．したがって，$(x-2)(x-5)>0$ を満たす x は，$x<2$ または $5<x$ の範囲にある．この範囲が不等式 $(x-2)(x-5)>0$ の解である．

同様に，$(x-2)(x-5)<0$ であるためには x は $2<x<5$ の範囲にあることがわかる．

一般に次が成り立つ．

$\alpha<\beta$ のとき

$$(x-\alpha)(x-\beta)>0 \text{ の解は } \quad x<\alpha,\ \beta<x \text{ である．}$$
$$(x-\alpha)(x-\beta)<0 \text{ の解は } \quad \alpha<x<\beta \text{ である．}$$

例題 2.14

次の不等式の解を求めよ．
(1)　$x^2-5x+4<0$　　(2)　$-x^2-x+6 \leqq 0$

解

(1)　因数分解して $(x-1)(x-4)<0$.
　　よって，$1<x<4$.

(2)　両辺に -1 を掛けて $x^2+x-6 \geqq 0$. 因数分解して $(x+3)(x-2) \geqq 0$.
　　よって，$x \leqq -3,\ 2 \leqq x$.

例題 2.15

次の不等式の解を求めよ．
$$x^3-4x^2+x+6>0$$

解　　左辺は例題 2.9 で説明したように因数分解されるので
$$(x+1)(x-2)(x-3)>0.$$

x	$x<-1$	-1	$-1<x<2$	2	$2<x<3$	3	$3<x$
$x+1$	$-$	0	$+$	$+$	$+$	$+$	$+$
$x-2$	$-$	$-$	$-$	0	$+$	$+$	$+$
$x-3$	$-$	$-$	$-$	$-$	$-$	0	$+$
$(x+1)(x-2)(x-3)$	$-$	0	$+$	0	$-$	0	$+$

この表より, $(x+1)(x-2)(x-3)>0$ となる x の範囲は
$$-1<x<2,\ 3<x.$$

練習問題 2A

1. 次の式を簡単にせよ.

(1) $(3+i)^3$ 　　(2) $\dfrac{1-3i}{3+i}+\dfrac{1+3i}{3-i}$

(3) $\left(\dfrac{-1+\sqrt{3}i}{2}\right)^3$ 　　(4) $\dfrac{\sqrt{3}+i}{\sqrt{3}-i}-\dfrac{\sqrt{3}-i}{\sqrt{3}+i}$

2. 次の方程式を解け.

(1) $x^2+x+1=0$ 　　(2) $x^2+2x+2=0$

(3) $x^3+1=0$ 　　(4) $x^4-1=0$

3. 2次方程式 $x^2-2kx-k+6=0$ が虚数解をもつとき, 実数 k の値の範囲を求めよ.

4. 2次方程式 $x^2-2(m+1)x+m^2+4m+1=0$ が異なる2つの実数解をもつような定数 m の値の範囲を求めよ.

5. 次の連立方程式を解け.

(1) $2x+y-5=0,\ x^2+y^2-25=0$

(2) $\begin{cases} x+5y-2z=\ \ 7 \\ x-4y+\ \ z=-5 \\ 7x-3y-\ \ z=\ \ 0 \end{cases}$

6. 次の不等式を解け.

(1) $x^2-7x+10\geqq 0$ 　　(2) $x^2-x-12<0$

(3) $x^2+8x+12>0$ 　　(4) $x^2-3x\leqq 0$

練習問題 2B

1. 2次方程式 $3x^2 + 6x - 7 = 0$ の2つの解を α, β とするとき，次の値を求めよ．

    (1) $\alpha^2\beta + \alpha\beta^2$ 　　(2) $\alpha^3 + \beta^3$ 　　(3) $\dfrac{\beta}{\alpha} + \dfrac{\alpha}{\beta}$

2. 次の式が x についての恒等式となるように，定数 a, b, c, d を求めよ．

    (1) $x^3 + 1 = a(x+1)^3 + b(x+1)^2 + c(x+1) + d$

    (2) $\dfrac{x^2 - x + 7}{x^3 + 1} = \dfrac{a}{x+1} + \dfrac{bx + c}{x^2 - x + 1}$

3. $x^2 + x + 1 = 0$ の1つの解を ω とするとき，次の問いに答えよ．

    (1) ω と異なるもう1つの解を ω で表せ．

    (2) $\omega + \omega^2$ の値を求めよ．

    (3) $(1 - \omega)(1 - \omega^2)$ の値を求めよ．

4. 2乗すると i になるような複素数を求めよ．

3 1次関数と2次関数

3.1 1次関数

$y = ax + b$ (a, b は定数, $a \neq 0$) で表される関数を **1次関数**という．1次関数のグラフは直線になる．定数 a をこの直線の**傾き**，b を **y 切片**という．y 切片は直線と y 軸との交点の y 座標である．直線と x 軸との交点の x 座標を **x 切片**という．$y = ax + b$ を**直線の方程式**という．

例 1 $y = 2x + 1$

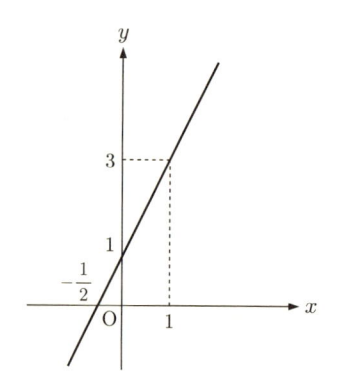

y 切片 1 はグラフと y 軸との交点の y 座標である．$x = c$ のとき $y = 2c + 1$, $x = c + 1$ のとき $y = 2(c+1) + 1 = 2c + 3$.

$$(2c + 3) - (2c + 1) = 2.$$

x が 1 だけ増加すると y の値は 2 (傾きの値) だけ増加する．

例 2 $y = -x + 3$

$x = c$ のとき $y = -c + 3$, $x = c + 1$ のとき $y = -(c+1) + 3 = -c + 2$.

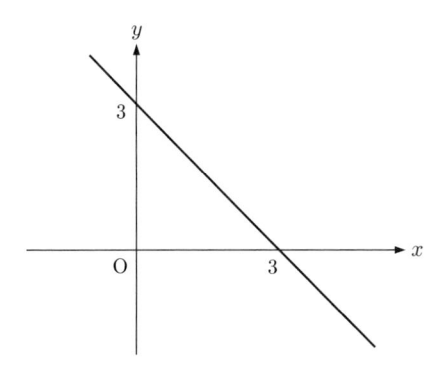

$$(-c + 2) - (-c + 3) = -1.$$

x が 1 だけ増加すると y の値は 1 だけ減少（-1 だけ増加）する．

x 軸に平行で y 軸と $(0, d)$ で交わる直線は $y = d$ によって表される．y 軸に平行で x 軸と $(e, 0)$ で交わる直線は $x = e$ によって表される．

点 (x_1, y_1) を通り傾き $a_1 (\neq 0)$ の直線の方程式を求めてみる．y 切片を b とすると，方程式は $y = a_1 x + b$ と表される．

$x = x_1, y = y_1$ はこの方程式を満たすので，$y_1 = a_1 x_1 + b$ が成り立つ．よって，$b = y_1 - a_1 x_1$.

$$y = a_1 x + y_1 - a_1 x_1 = a_1 (x - x_1) + y_1$$

よって，方程式は次のように表される．

$$y - y_1 = a_1 (x - x_1) \tag{3.1}$$

(点 (x_1, y_1) を通り，傾き a_1 の直線の方程式)

例題 3.1

2 点 $(x_1, y_1), (x_2, y_2)$ を通る直線の方程式を求めよ．ただし，$x_1 \neq x_2$ とする．

解　求める直線の傾きを a とおく．点 (x_1, y_1) を通るので，(3.1) により方程式は

$$y - y_1 = a(x - x_1)$$

と表される．点 (x_2, y_2) も直線の上にあるのでこの方程式を満たす．x, y に代入すると
$$y_2 - y_1 = a(x_2 - x_1)$$
よって，$a = \dfrac{y_2 - y_1}{x_2 - x_1}$．
求める方程式は
$$y - y_1 = \frac{y_2 - y_1}{x_2 - x_1}(x - x_1)$$

[注1] 例題 3.1 で $x_1 = x_2$ のとき，2 点を通る直線は y 軸に平行となり，x 軸との交点は $(x_1, 0)$ となるので，方程式は $x = x_1$ （または $x = x_2$）である．

[注2] 2 点 $(x_1, y_1), (x_2, y_2)$ $(x_1 \neq x_2)$ を通る直線の傾きは $\dfrac{y_2 - y_1}{x_2 - x_1}$ であることがわかる．

2 直線 $\ell : y = mx$ と $\ell' : y = m'x$ が垂直であるための条件を求める．

ℓ と ℓ' は原点 O を通る．ℓ と ℓ' は垂直であるとし，それぞれの上の x 座標 1 をもつ点を P,Q とする．

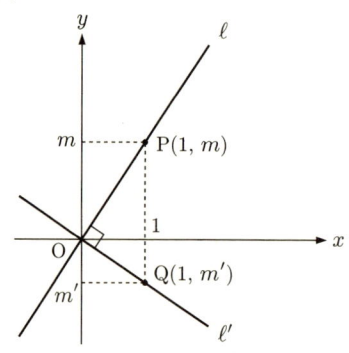

$$P = (1, m),\ Q = (1, m')$$

∠POQ は直角なので
$$OP^2 + OQ^2 = PQ^2$$
$OP^2 = 1^2 + m^2$, $OQ^2 = 1^2 + m'^2$, $PQ^2 = (m - m')^2$ を代入すると
$$1 + m^2 + 1 + m'^2 = m^2 - 2mm' + m'^2.$$

これより $mm' = -1$ となる．逆に，$mm' = -1$ であればこの変形を逆にたどり ∠POQ が直角であることが導かれる．

一般に，2直線が原点を通らなくても，平行移動することにより原点を通るようにすれば，垂直か否かを上記のように判定できる．

$$2 直線 y = mx + n と y = m'x + n' が垂直$$
$$\iff mm' = -1$$

3.2　2次関数

$y = ax^2 + bx + c$ (a, b, c は定数, $a \neq 0$) で表される関数を **2次関数** という．2次関数のグラフは **放物線** になる．

例3　$y = ax^2$ のグラフ

$a > 0$ のとき下に凸，$a < 0$ のとき上に凸の放物線である．

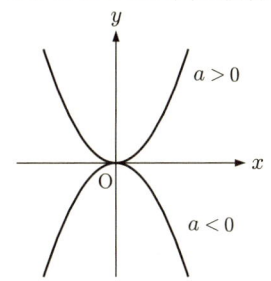

$y = 2x^2 \cdots\cdots$ ①　　$y = 2(x-3)^2 \cdots\cdots$ ②　　$y = 2(x-3)^2 + 1 \cdots\cdots$ ③
それぞれのグラフは図のようになる．

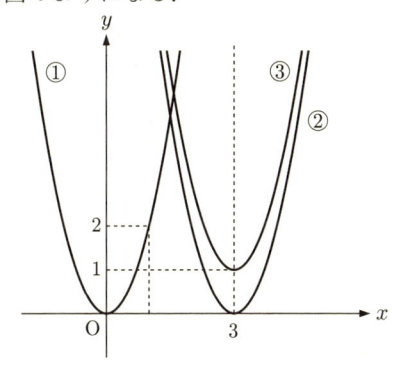

$y = 2(x-3)^2$ のグラフは $y = 2x^2$ のグラフを x 軸方向へ 3 平行移動したものである．

$y = 2(x-3)^2 + 1$ のグラフは $y = 2(x-3)^2$ のグラフを y 軸方向へ 1 平行

移動したものである.

一般に, $y=a(x-p)^2+q$ のグラフは $y=ax^2$ のグラフを x 軸方向に p, y 軸方向に q 平行移動した放物線である. 点 (p,q) を放物線の**頂点**, 直線 $x=p$ を**軸**という. $a>0$ のときは次のようになる.

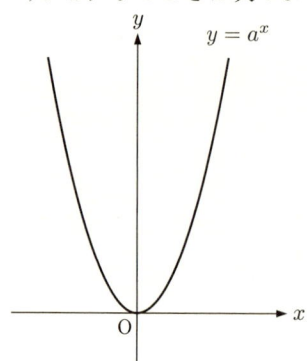

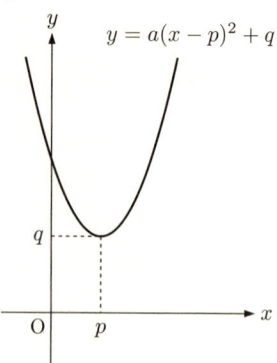

例題 3.2

次の方程式のグラフを描け. また, 頂点の座標と軸の方程式を求めよ.
(1) $y=(x-2)^2+3$ (2) $y=(x+3)^2-1$ (3) $y=-2x^2+4x-1$

解

(1) 頂点 $(2,3)$, 軸は $x=2$.

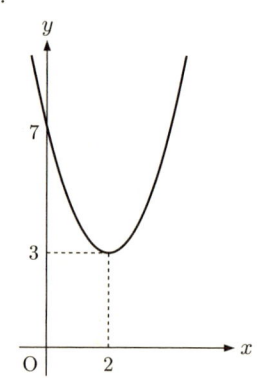

(2) 頂点 $(-3,-1)$, 軸は $x=-3$.

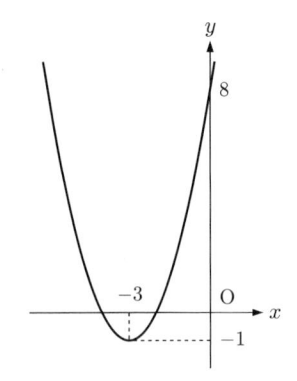

(3) $y = -2(x^2 - 2x) - 1 = -2\{(x-1)^2 - 1\} - 1 = -2(x-1)^2 + 2 - 1 = -2(x-1)^2 + 1$

頂点 $(1,1)$,軸は $x = 1$.

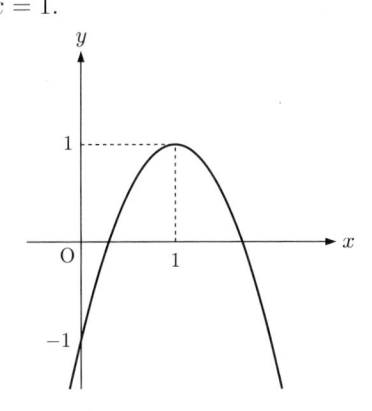

[注3] $a(x-p)^2 + q$, $-2(x-1)^2 + 1$ という形の式を 2 次関数の**標準形**という.2 次関数は標準形に変形することによってグラフの頂点や軸が求められる.

── 例題 3.3 ─────────────
次の条件を満たす 2 次関数を求めよ.
(1) 3 点 $(-2, 3), (-1, 2), (1, 6)$ を通る.
(2) 頂点が $(3, 1)$ で点 $(1, 9)$ を通る.

解

(1) 求める 2 次関数を $y = ax^2 + bx + c$ とおく.
$(-2, 3)$ を通るので $3 = a(-2)^2 + b(-2) + c = 4a - 2b + c$ ……①

$(-1, 2)$ を通るので $2 = a(-1)^2 + b(-1) + c = a - b + c$ ……②

$(1, 6)$ を通るので $6 = a + b + c$ ……③

③ − ② より $4 = 2b$, $b = 2$.

① − ② より $1 = 3a - b$.

$b = 2$ を代入すると $1 = 3a - 2$, $a = 1$.

a, b を③に代入して $6 = 1 + 2 + c$, $c = 3$.

よって，2 次関数は $y = x^2 + 2x + 3$.

(2) 求める 2 次関数は定数 a を用いて $y = a(x - 3)^2 + 1$ と表される.

グラフが $(1, 9)$ を通るので $9 = a(1 - 3)^2 + 1$.

$9 = 4a + 1$, $a = 2$. よって，2 次関数は $y = 2(x - 3)^2 + 1$.

--- 例題 3.4 ---

x が $1 \leqq x \leqq 4$ の範囲を動くとき，2 次関数 $y = x^2 - 4x + 1$ の最大値と最小値を求めよ.

解 $y = (x - 2)^2 - 4 + 1 = (x - 2)^2 - 3$. 頂点 $(2, -3)$, 軸は $x = 2$ である.

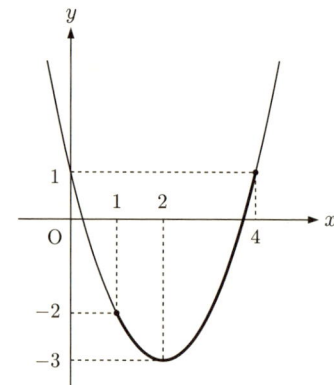

$x = 1$ のとき $y = -2$, $x = 4$ のとき $y = 1$.

$1 \leqq x \leqq 4$ のときグラフは図の太線部分であるので

$$\begin{cases} 最大値 1 & (x = 4) \\ 最小値 -3 & (x = 2) \end{cases}$$

> **例題 3.5**
> 2次関数 $y = x^2 - 6x + c\,(2 \leqq x \leqq 5)$ の最大値が 7 のとき，c の値を求めよ．

解 $y = (x-3)^2 - 9 + c$，よって，グラフの軸は $x = 3$．グラフは下に凸であり，軸から離れるほど y の値は大きくなるので，$x = 5$ のときに最大値をとる．
$y = 5^2 - 6 \times 5 + c = 25 - 30 + c,\ 7 = -5 + c,\ c = 12$ ∎

3.3　2次関数のグラフと2次方程式

$a > 0$ のとき2次関数 $y = ax^2 + bx + c$ のグラフは下に凸である．x 軸との位置関係は次の3通りである．

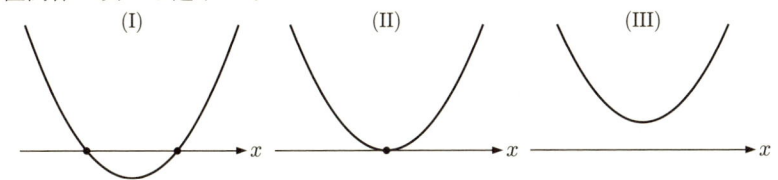

(I) のとき，異なる2つの x の値について $y = 0$ すなわち $ax^2 + bx + c = 0$ が成り立つ．よって，方程式 $ax^2 + bx + c = 0$ は異なる2つの実数解をもち，D（判別式）> 0 である．

(II) のとき，ただ1つの x の値について $y = 0$ となり，方程式 $ax^2 + bx + c = 0$ はただ1つの実数解をもつ．よって，$D = 0$ である．

(III) のとき，どんな実数 x の値についても $y > 0$ となり，方程式 $ax^2 + bx + c = 0$ は実数解をもたない．よって，$D < 0$ である．

$a < 0$ であればグラフは上に凸だから x 軸との位置関係は次の3通りである．

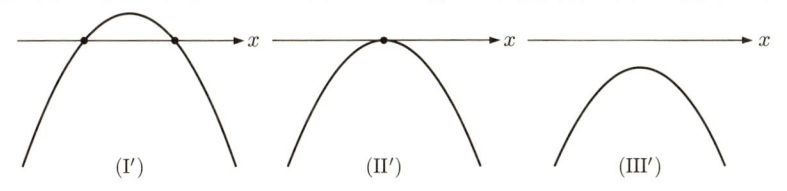

(I′) のときは (I) と同様に方程式 $ax^2 + bx + c = 0$ は異なる 2 つの実数解をもち，$D > 0$ である．

(II′) のとき，(II) と同様に方程式はただ 1 つの実数解（重解）をもち，$D = 0$ である．

(III′) のときはどんな実数 x の値についても常に $y < 0$ となり，方程式は実数解をもたない．よって，$D < 0$ である．このとき方程式は異なる 2 つの虚数解をもつ．

以上により，次のことがわかる．

D	$D > 0$	$D = 0$	$D < 0$
$a > 0$			
$a < 0$			
共有点の個数	2 個	1 個	0 個
x 軸とグラフの位置関係	2 点で交わる	1 点で接する	共有点なし
$ax^2 + bx + c = 0$ の解	異なる 2 つの実数解	1 つの実数解（重解）	異なる 2 つの虚数解

──── 例題 3.6 ────

2 次関数 $y = -2x^2 + bx - 2$ のグラフが x 軸と共有点をもたないような定数 b の値の範囲を求めよ．

解　$D = b^2 - 4(-2)(-2) = b^2 - 16$．グラフが x 軸と共有点をもたないとき $D < 0$．したがって，$b^2 - 16 < 0$, $(b + 4)(b - 4) < 0$.
よって，b の値の範囲は $-4 < b < 4$．

3.4 2次関数のグラフと2次不等式

2次不等式 $ax^2+bx+c>0$ $(a>0)$ を，2次関数 $y=ax^2+bx+c$ のグラフを利用して解いてみる．

グラフは下に凸である．

$D>0$ のとき，方程式は異なる2つの実数解をもつのでそれを α,β $(\alpha<\beta)$ とする．グラフは2点 $(\alpha,0),(\beta,0)$ で x 軸と交わる．

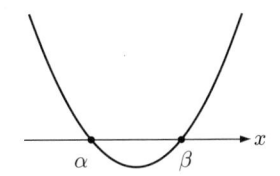

$y=ax^2+bx+c>0$ となるとき，グラフが x 軸よりも上にある．このような x の範囲は，図より

$$x<\alpha, \quad \beta<x$$

であることがわかる．不等式が $ax^2+bx+c<0$ であれば $\alpha<x<\beta$ であることもわかる．

$D=0$ のとき，方程式の重解を α とすればグラフは x 軸と1点 $(\alpha,0)$ で接している．$x=\alpha$ のとき以外は常にグラフは x 軸よりも上にあり，$ax^2+bx+c>0$ が成り立つ．よって，不等式を満たす x の範囲は $x<\alpha, \alpha<x$ となる．不等式が $ax^2+bx+c<0$ であれば解はない．

また，不等式 $ax^2+bx+c\geqq 0$ の解はすべての実数である．

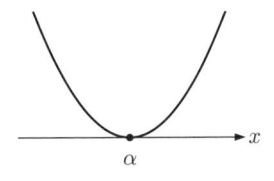

$D < 0$ のとき，方程式は実数解をもたず，グラフは x 軸よりも上にあり，共有点はない．このとき，どんな x の値に対しても $y = ax^2 + bx + c > 0$ が成り立つので不等式の解はすべての実数となる．

不等式が $ax^2 + bx + c < 0$ であれば解はない．

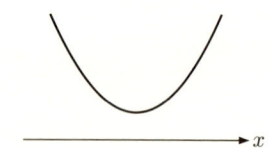

このように，グラフと x 軸の位置関係を用いて 2 次不等式を解くことができる．

--- 例題 3.7 ---

不等式 $x^2 + 2kx + k + 6 > 0$ の解がすべての実数であるとき，定数 k の値の範囲を求めよ．

解　$y = x^2 + 2kx + k + 6$ のグラフは下に凸だから不等式の解がすべての実数であるとき，$D < 0$ となればよい．

$$D = (2k)^2 - 4(k+6) = 4k^2 - 4k - 24 = 4(k^2 - k - 6)$$

より $k^2 - k - 6 < 0$, $(k-3)(k+2) < 0$. よって，k の範囲は $-2 < k < 3$.

--- 例題 3.8 ---

2 次関数 $y = -x^2 - mx + m$ が負の値しかとらないとき，定数 m の値の範囲を求めよ．

解　この関数のグラフは上に凸である．y が負の値しかとらないので，グラフは x 軸よりも下にあり，$D < 0$ であればよい．

$$D = (-m)^2 - 4(-1)m = m^2 + 4m = m(m+4) < 0$$

よって，m の範囲は $-4 < m < 0$.

3.5 円の方程式

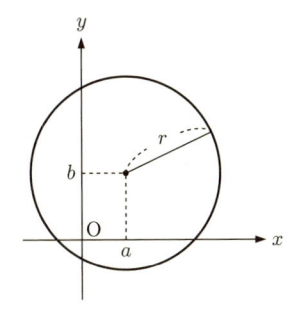

点 C(a,b) を中心とする半径 r の円周上の点を P(x,y) とする．CP $= r$ だから

$$\sqrt{(x-a)^2 + (y-b)^2} = r$$

両辺を 2 乗すると

$$(x-a)^2 + (y-b)^2 = r^2$$

これは中心 (a,b)，半径 r の円を表す方程式である．原点 O$(0,0)$ を中心とする半径 r の**円の方程式** は

$$x^2 + y^2 = r^2$$

例題 3.9

次の方程式で表される円の中心と半径を求めよ．

$$x^2 + y^2 - 4x + 6y - 12 = 0$$

解　方程式を変形すると

$$x^2 - 4x + y^2 + 6y = 12$$
$$x^2 - 4x + 4 + y^2 + 6y + 9 = 12 + 4 + 9$$
$$(x-2)^2 + (y+3)^2 = 25 = 5^2$$

この円の中心は $(2, -3)$，半径は 5 である．

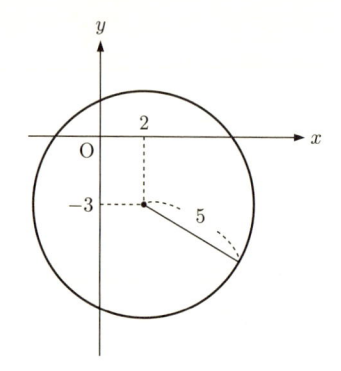

例題 3.10

3点 A$(-2, 4)$, B$(-2, 0)$, C$(1, 3)$ を通る円の方程式を求めよ．また，中心と半径を答えよ．

解　求める円の方程式を $x^2 + y^2 + lx + my + n = 0$ とする．
A を通るから $x = -2, y = 4$ を代入して

$$(-2)^2 + 4^2 + l(-2) + m \times 4 + n = 0$$

$$20 - 2l + 4m + n = 0 \quad \cdots\cdots ①$$

B を通るから $x = -2, y = 0$ を代入して整理すると

$$4 - 2l + n = 0 \quad \cdots\cdots ②$$

C を通るから $x = 1, y = 3$ を代入して

$$10 + l + 3m + n = 0 \quad \cdots\cdots ③$$

① − ②　$16 + 4m = 0$, $m = -4$．これを③へ代入して

$$-2 + l + n = 0 \quad \cdots\cdots ④$$

② + 2 × ④　$3n = 0$, $n = 0$. $l = 2$. よって，方程式は

$$x^2 + y^2 + 2x - 4y = 0.$$

変形して $(x+1)^2 + (y-2)^2 = 5$. 中心は $(-1, 2)$, 半径は $\sqrt{5}$ である．

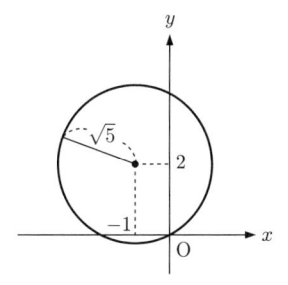

練習問題 3A

1. 次の条件を満たす直線の方程式を求めよ.
   (1) 点 $(2,3)$ を通り, 直線 $2x+3y-6=0$ に平行.
   (2) 点 $(2,3)$ を通り, 直線 $2x+3y-6=0$ に垂直.
   (3) 2 点 $(-2,3),(1,2)$ を通る.
   (4) 2 点 $(-1,2),(5,6)$ を結ぶ線分を垂直に 2 等分する.

2. 次の 2 次関数の頂点の座標を求めよ.
   (1) $y=x^2+8x+7$ (2) $y=x^2-5x+5$
   (3) $y=2x^2+3x+2$ (4) $y=3x^2+6x$
   (5) $y=-4x^2-8x+7$ (6) $y=-2x^2+1$

3. 次の 2 次関数の最大値と最小値を求めよ.
   (1) $y=2x^2-8x+6$ $\quad(0\leqq x\leqq 3)$
   (2) $y=-3x^2+6x+2$ $\quad(-1\leqq x\leqq 2)$
   (3) $y=3x^2-4x+1$ $\quad(-2\leqq x\leqq 2)$

4. 次の条件を満たす 2 次関数を求めよ.
   (1) グラフの頂点が $(3,1)$ で, 点 $(5,9)$ を通る.
   (2) 点 $(2,0)$ で x 軸に接し, 点 $(5,27)$ を通る.
   (3) 直線 $x=3$ を軸として, 2 点 $(2,2),(5,11)$ を通る.
   (4) $x=2$ で最大値 9 をとり, グラフが点 $(-1,0)$ を通る.

5. 次の 2 次関数のグラフと x 軸との共有点の個数を求めよ.
   (1) $y=x^2+2x+4$ (2) $y=2x^2-4x+1$
   (3) $y=16x^2-8x+1$ (4) $y=-x^2-5x-6$

練習問題 3B

1. 2次関数 $y = x^2 - 6x + m$ のグラフが次の条件を満たすような定数 m の値の範囲を求めよ．
   (1) x 軸と2点で交わる．
   (2) x 軸と共有点をもたない．
   (3) 直線 $y = mx - 6$ に接する．
   (4) 直線 $y = mx - 6$ と2点で交わる．

2. 2次関数 $y = x^2 - 2x + 10$ と直線 $y = kx - k$ が接するような k の値を求めよ．

3. 2つの2次関数 ①,② がある．
   $$y = 2x^2 + 8x + 9 \cdots\cdots ①, \qquad y = 2x^2 - 4x + 5 \cdots\cdots ②$$
   ① のグラフをどのように平行移動すれば ② のグラフに重なるか．

4. 2次不等式 $2x^2 + mx + n < 0$ の解が $-2 < x < \dfrac{3}{2}$ であるような定数 m, n の値を求めよ．

5. 2次不等式 $x^2 + (m+1)x + 2m - 1 > 0$ の解が全実数となるとき，定数 m のとりうる値の範囲を求めよ．

4 不等式と領域

4.1 不等式の表す領域

　方程式 $y = 2x + 3$ を満たす点 (x, y) の全体は傾き 2，y 切片 3 の直線を表す．この直線を ℓ とする．点 P$(2, 7)$ は直線 ℓ の上にある．点 Q$(2, 8)$ は P の真上にあり，直線 ℓ の上側にある．

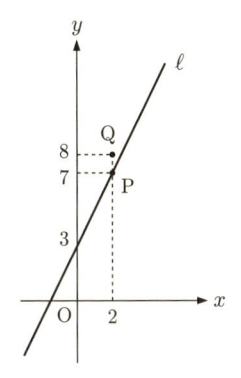

　同様に点 R(a, b) が直線 ℓ 上にあるとき，b より大きな y 座標 $c\ (>b)$ をもつ点 (a, c) は点 R の真上にあり，直線 ℓ の上側にある．

　点 Q$(2, 8)$ や点 (a, c) の x, y 座標は不等式

$$y > 2x + 3$$

を満たす．逆に，この不等式を満たす x, y を座標にもつ点 (x, y) はすべて直線 ℓ の上側にある．

　したがって，不等式 $y > 2x + 3$ を満たす x, y を座標にもつ点 (x, y) 全体の集合は直線 ℓ の上側の部分（図の網かけ部分）である．これを不等式 $y > 2x + 3$

の表す**領域**という．

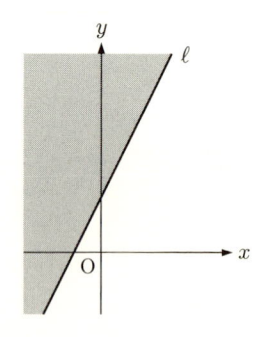

直線 ℓ をこの領域の**境界**という．ℓ は領域には含まれないが，不等式が $y \geqq 2x + 3$ であれば $y = 2x + 3$ を満たす ℓ の上の点も領域の中に含まれるので，境界である直線 ℓ は領域に含まれる．

不等式 $y < 2x + 3$ の表す領域は同様に考えて，直線 ℓ の下側になる．不等号が $>$ や $<$ のときは境界は領域に含まれないが，$\geqq$ や $\leqq$ のときは含まれる．

例題 4.1

次の不等式の表す領域を図示せよ．
(1) $y > -2x + 1$ (2) $3x - 2y + 6 \geqq 0$ (3) $x \geqq 3$

解
(1) 境界は直線 $y = -2x + 1$ であり，領域はこの直線の上側である．境界は領域に含まれない．

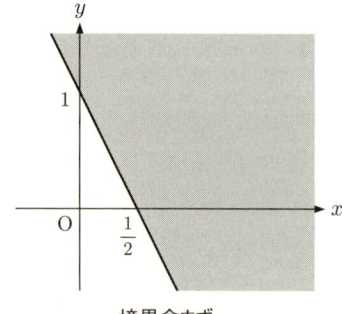

境界含まず

(2) $y \leqq \dfrac{3}{2}x + 3$ と変形されるので境界は直線 $y = \dfrac{3}{2}x + 3$ であり，領域はこ

の直線の下側である．境界は領域に含まれる．

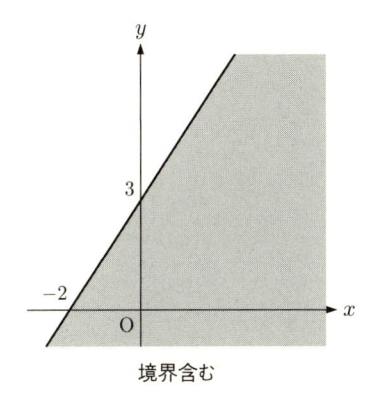

境界含む

(3) x 座標が 3 以上の点はすべて不等式 $x \geqq 3$ を満たすので，領域は直線 $x = 3$ の右側である．境界は直線 $x = 3$ であって，領域に含まれる．

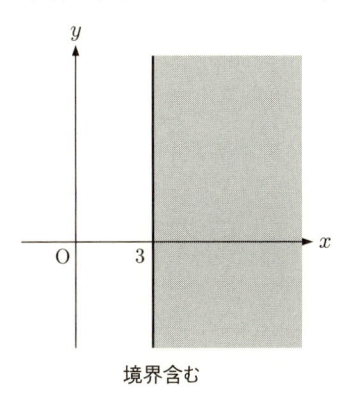

境界含む

直線の場合と同様に考えて，次のことがわかる．

不等式 $y > x^2$ の表す領域は放物線 $y = x^2$ の上側であり，$y < x^2$ の表す領域は放物線の下側である．いずれも境界は放物線 $y = x^2$ であって，領域に含まれない．$y \geqq x^2$ または $y \leqq x^2$ のとき境界は領域に含まれる．

$y > x^2$ $y < x^2$

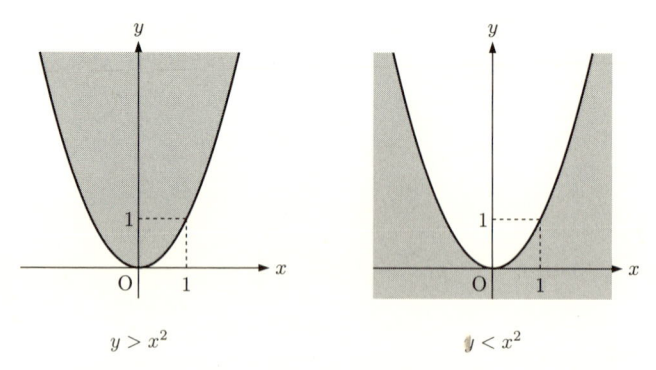

不等式 $(x-a)^2 + (y-b)^2 < r^2$ $(r > 0)$ を満たす x', y' を座標とする点を $P(x', y')$ とする．円 $(x-a)^2 + (y-b)^2 = r^2$ の中心を $C(a, b)$ とすると

$$PC = \sqrt{(x'-a)^2 + (y'-b)^2} < \sqrt{r^2} = r$$

よって，$PC < r$ となり，P と C の距離は r より小さい．したがって，点 P は円の内部にある．以上のことから次のことがわかる．

不等式 $(x-a)^2 + (y-b)^2 < r^2$ の表す領域は円

$$(x-a)^2 + (y-b)^2 = r^2$$

の内部であり，境界は円周である．

不等式 $(x-a)^2 + (y-b)^2 > r^2$ の表す領域は円の外部である．

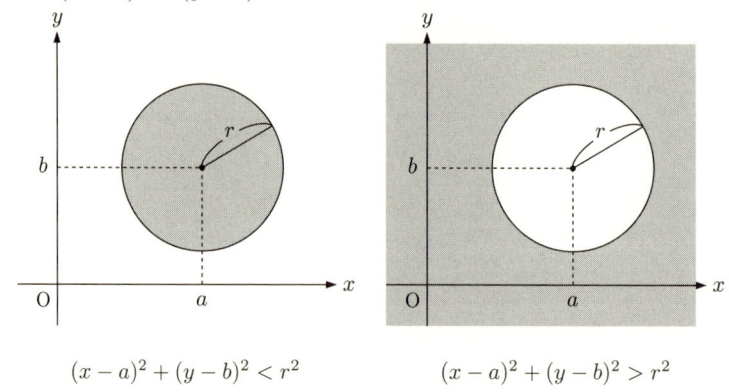

$(x-a)^2 + (y-b)^2 < r^2$ $(x-a)^2 + (y-b)^2 > r^2$

いずれも境界は領域に含まれないが，不等号が $\leqq$ または $\geqq$ のときは含まれる．

例題 4.2

次の不等式の表す領域を図示せよ．

(1) $2y - x^2 \leqq 0$ (2) $x^2 + 2x - y < 0$
(3) $(x+1)^2 + (y-2)^2 < 5$ (4) $x^2 + y^2 - 4x + 6y - 12 \geqq 0$

解

(1) 変形すると $y \leqq \dfrac{1}{2}x^2$．領域は放物線 $y = \dfrac{1}{2}x^2$ の下側であり，境界を含む（図の網かけ部分）．

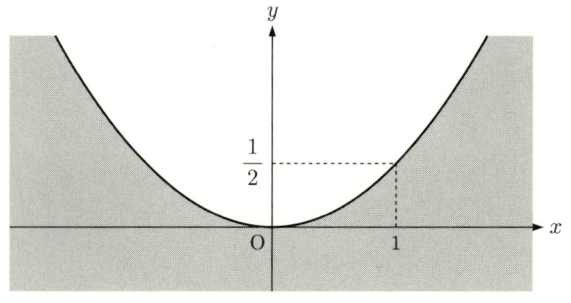

(2) 変形すると $y > (x+1)^2 - 1$．領域は放物線 $y = (x+1)^2 - 1$ の上側であり，境界は含まない（図の網かけ部分）．

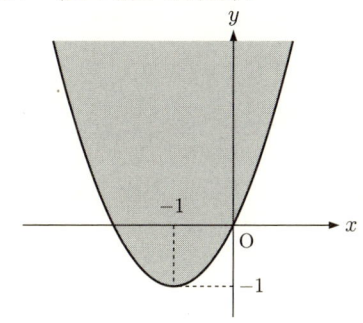

(3) 領域は中心 $(-1, 2)$，半径 $\sqrt{5}$ の円の内部であり，境界は含まない（図の網かけ部分）．

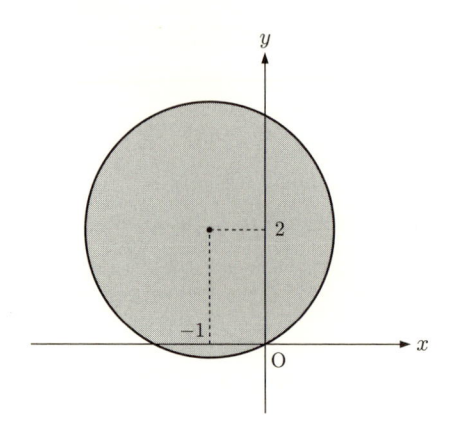

(4) 変形すると $(x-2)^2 + (y+3)^2 \geqq 5^2$. 領域は中心 $(2, -3)$, 半径 5 の円の外部であり, 境界を含む（図の網かけ部分）.

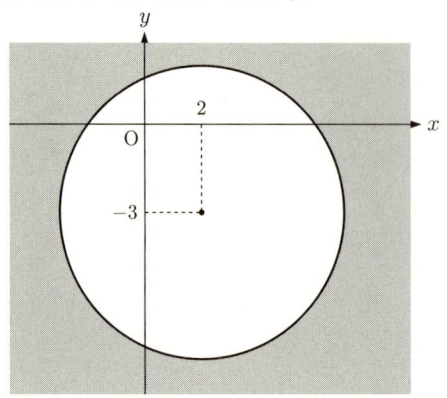

4.2 連立不等式の表す領域

連立不等式では, 複数の不等式がすべて満たされるような領域を求めればよい.

例題 4.3

次の連立不等式の表す領域を図示せよ.

$$\begin{cases} 2x - y + 3 > 0 & \cdots\cdots ① \\ x + y - 2 > 0 & \cdots\cdots ② \end{cases}$$

解 ① は $y < 2x + 3$ と変形されるので，領域は直線 $y = 2x + 3$ の下側（境界含まず）である．

② は $y > -x + 2$ と変形され，領域は直線 $y = -x + 2$ の上側（境界含まず）である．

①, ② 両方を満たす x, y を座標とする点 (x, y) は 2 つの領域の共通部分である．境界は領域に含まれない．

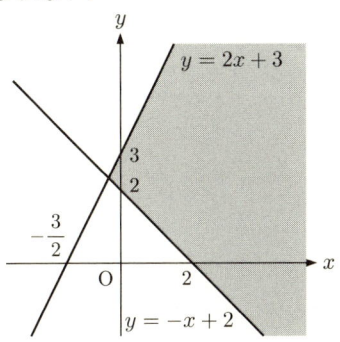

例題 4.4

次の連立不等式の表す領域を図示せよ．

$$\begin{cases} x^2 + y^2 \leqq 9 & \cdots\cdots ① \\ x - y + 1 \geqq 0 & \cdots\cdots ② \end{cases}$$

解 ①の表す領域は円 $x^2 + y^2 = 3^2$ の内部（境界含む）．

②の表す領域は直線 $y = x + 1$ の下側（境界含む）であるので図のようになる．

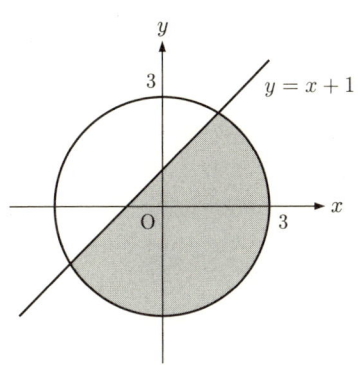

例題 4.5

次の連立不等式の表す領域を図示せよ．
$$\begin{cases} x + 2y - 6 < 0 & \cdots\cdots ① \\ x^2 - y < 0 & \cdots\cdots ② \end{cases}$$

解 ① の表す領域は直線

$$y = -\frac{1}{2}x + 3$$

の下側（境界含まず）．

② の表す領域は放物線

$$y = x^2$$

の上側（境界含まず）．

よって，求める領域は図のようになる．境界は含まない．

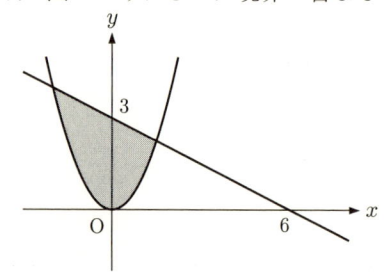

練習問題 4A

1．次の不等式の表す領域を図示せよ．

(1) $y > -3x + 2$ （2） $2x - y + 3 \leqq 0$

(3) $2x - 3y + 5 > 0$ （4） $x + 2y + 5 \leqq 0$

2．次の不等式の表す領域を図示せよ．

(1) $y > x^2 - 4x + 3$ （2） $y + x^2 > 0$

(3) $2x^2 + 4x + y + 1 \leqq 0$ （4） $x^2 - 4x + y + 1 \geqq 0$

3．次の不等式の表す領域を図示せよ．

(1) $x^2 + y^2 < 1$ （2） $(x-4)^2 + (y-1)^2 \leqq 9$

(3) $x^2 + y^2 - 6x + 4y + 9 \geqq 0$ (4) $x^2 + y^2 + 6x - 8y > 0$

4. 次の連立不等式の表す領域を図示せよ．

(1) $\begin{cases} x - y + 2 > 0 \\ x + 2y - 2 > 0 \end{cases}$ (2) $\begin{cases} 3x - y - 2 \geqq 0 \\ x + y - 3 \leqq 0 \end{cases}$

練習問題 4B

1. 次の連立不等式の表す領域を図示せよ．

(1) $\begin{cases} y > x^2 + 1 \\ y < \dfrac{1}{2}x + 3 \end{cases}$ (2) $\begin{cases} x^2 + y - 3 \geqq 0 \\ x - y + 1 \geqq 0 \end{cases}$

(3) $\begin{cases} y > x^2 - 4 \\ x^2 - 2x + y + 2 < 0 \end{cases}$

2. 次の連立不等式の表す領域を図示せよ．

(1) $\begin{cases} x^2 + y^2 \leqq 4 \\ y \leqq x - 1 \end{cases}$ (2) $\begin{cases} x^2 + y^2 > 9 \\ y > -x + 1 \end{cases}$

(3) $\begin{cases} x^2 + y^2 - 4x - 5 \leqq 0 \\ x^2 + y^2 \leqq 4 \end{cases}$ (4) $\begin{cases} x^2 + y^2 - 25 > 0 \\ x^2 + y^2 - 6x - 4y + 9 < 0 \end{cases}$

3. 次の連立不等式の表す領域を図示せよ．

(1) $\begin{cases} x^2 + y^2 - 2y - 3 \leqq 0 \\ x^2 + y - 1 \leqq 0 \end{cases}$ (2) $\begin{cases} y > x^2 \\ x^2 + (y-4)^2 > 9 \end{cases}$

(3) $\begin{cases} x^2 + y^2 + 6x - 2y - 15 \leqq 0 \\ y \leqq x^2 + 2x + 1 \end{cases}$

4. 次の不等式の表す領域を図示せよ．

(1) $(x - y + 2)(x + 2y - 2) > 0$
(2) $(x^2 + y - 3)(x - y + 1) \geqq 0$
(3) $(x^2 + y^2 - 9)(x + y - 1) > 0$
(4) $(x^2 + y^2 - 1)(x^2 + y^2 - 4) \leqq 0$

5 指数関数

5.1 累乗根

実数 a と自然数 n に対し，n 乗して a になる数を a の **n 乗根**という．特に $n=2$ のとき**平方根**，$n=3$ のとき**立方根**とよぶ．2乗根，3乗根，4乗根，$\cdots$ をまとめて**累乗根**という．この節では累乗根は実数のみ考える．n が奇数のとき，a の n 乗根はただ1つ定まり，それを $\sqrt[n]{a}$ と表す．n が偶数のとき，a の n 乗根は次のようになる．

(1) $a > 0$ ならば，a の n 乗根は2つあり，正の方を $\sqrt[n]{a}$ と表すと，負の方は $-\sqrt[n]{a}$ となる．

(2) $a = 0$ ならば，$\sqrt[n]{0} = 0$ である．

(3) $a < 0$ ならば，a の n 乗根は存在しない．

例題 5.1

次の累乗根を求めよ．
(1) $\sqrt[3]{125}, \sqrt[4]{256}, \sqrt[5]{32}$ (2) $\sqrt[3]{-8}, \sqrt[3]{-27}, \sqrt[3]{-125}$

解

(1) $5^3 = 125$ より $\sqrt[3]{125} = 5$，$4^4 = 256$ より $\sqrt[4]{256} = 4$，
$2^5 = 32$ より $\sqrt[5]{32} = 2$

(2) $(-2)^3 = -8$ より $\sqrt[3]{-8} = -2$，$(-3)^3 = -27$ より $\sqrt[3]{-27} = -3$，
$(-5)^3 = -125$ より $\sqrt[3]{-125} = -5$

$a > 0$ で m が整数,n が自然数のとき,$a^{\frac{m}{n}} = \sqrt[n]{a^m}$ と定める.たとえば,$3^{\frac{1}{2}} = \sqrt{3}, 5^{\frac{2}{3}} = \sqrt[3]{5^2} = \sqrt[3]{25}, 2^{-\frac{3}{4}} = \sqrt[4]{2^{-3}} = \sqrt[4]{\dfrac{1}{8}}$ である.

例題 5.2

$a, b > 0$ で m が整数,n が自然数のとき,次を示せ.
(1) $(\sqrt[n]{a})^m = a^{\frac{m}{n}}$ (2) $\sqrt[n]{a}\sqrt[n]{b} = \sqrt[n]{ab}$
(3) $\dfrac{\sqrt[n]{a}}{\sqrt[n]{b}} = \sqrt[n]{\dfrac{a}{b}}$

解
(1) $(左辺)^n = \{(\sqrt[n]{a})^m\}^n = (\sqrt[n]{a})^{mn} = \{(\sqrt[n]{a})^n\}^m = a^m$ であるから
n 乗根の定義より $(左辺) = \sqrt[n]{a^m} = (右辺)$
(2) $(左辺)^n = (\sqrt[n]{a}\sqrt[n]{b})^n = (\sqrt[n]{a})^n(\sqrt[n]{b})^n = ab$ であるから
n 乗根の定義より $(左辺) = \sqrt[n]{ab} = (右辺)$
(3) $(左辺)^n = \left(\dfrac{\sqrt[n]{a}}{\sqrt[n]{b}}\right)^n = \dfrac{(\sqrt[n]{a})^n}{(\sqrt[n]{b})^n} = \dfrac{a}{b}$ であるから
n 乗根の定義より $(左辺) = \sqrt[n]{\dfrac{a}{b}} = (右辺)$

実数乗は有理数乗の極限値として定義され,有理数乗だけでなく実数乗についても**指数法則**が成り立つ.

指数法則

$a, b > 0$, x, y が実数のとき,次が成り立つ.
(1) $a^x a^y = a^{x+y}$
(2) $(a^x)^y = a^{xy}$
(3) $(ab)^x = a^x b^x$
(4) $a^x \div a^y = a^{x-y}$
(5) $\left(\dfrac{a}{b}\right)^x = \dfrac{a^x}{b^x}$

例題 5.3

次の数を簡単にせよ．ただし，$a, b > 0$ とする．

(1) $\sqrt[3]{9}\sqrt[3]{3}$

(2) $\sqrt[4]{\dfrac{4}{9}}\sqrt[4]{36}$

(3) $\sqrt[5]{a^2} \div \sqrt[5]{a^3} \times \sqrt[5]{a^4}$

(4) $\dfrac{\sqrt{a}}{\sqrt[3]{a}} \div \sqrt[6]{a}$

(5) $\sqrt[6]{a^2 b^{-2}} \times \sqrt[3]{a^{-4}b} \div \sqrt[4]{a^3 b^{-4}}$

【解】

(1) $\sqrt[3]{9}\sqrt[3]{3} = \sqrt[3]{27} = 3$ である．あるいは
$\sqrt[3]{9}\sqrt[3]{3} = \sqrt[3]{3^2}\sqrt[3]{3} = 3^{\frac{2}{3}} \cdot 3^{\frac{1}{3}} = 3^{\frac{2}{3}+\frac{1}{3}} = 3$ としてもよい．

(2) $\sqrt[4]{\dfrac{4}{9}}\sqrt[4]{36} = \sqrt[4]{\dfrac{4 \times 36}{9}} = \sqrt[4]{16} = 2$ である．あるいは

$\sqrt[4]{\dfrac{4}{9}}\sqrt[4]{36} = \left(2^2 3^{-2}\right)^{\frac{1}{4}} \left(2^2 3^2\right)^{\frac{1}{4}} = 2^{\frac{1}{2}} 3^{-\frac{1}{2}} 2^{\frac{1}{2}} 3^{\frac{1}{2}} = 2^{\frac{1}{2}+\frac{1}{2}} 3^{-\frac{1}{2}+\frac{1}{2}} = 2$
としてもよい．

(3) $\sqrt[5]{a^2} \div \sqrt[5]{a^3} \times \sqrt[5]{a^4} = \sqrt[5]{\dfrac{a^2 \times a^4}{a^3}} = \sqrt[5]{a^3}$ である．あるいは
$\sqrt[5]{a^2} \div \sqrt[5]{a^3} \times \sqrt[5]{a^4} = a^{\frac{2}{5}-\frac{3}{5}+\frac{4}{5}} = a^{\frac{3}{5}}$ としてもよい．

(4) $\dfrac{\sqrt{a}}{\sqrt[3]{a}} \div \sqrt[6]{a} = a^{\frac{1}{2}} a^{-\frac{1}{3}} a^{-\frac{1}{6}} = a^{\frac{1}{2}-\frac{1}{3}-\frac{1}{6}} = 1$

(5) $\sqrt[6]{a^2 b^{-2}} \times \sqrt[3]{a^{-4}b} \div \sqrt[4]{a^3 b^{-4}} = a^{\frac{1}{3}} b^{-\frac{1}{3}} a^{-\frac{4}{3}} b^{\frac{1}{3}} a^{-\frac{3}{4}} b = a^{\frac{1}{3}-\frac{4}{3}-\frac{3}{4}} b^{-\frac{1}{3}+\frac{1}{3}+1}$
$= a^{-\frac{7}{4}} b = \dfrac{b}{\sqrt[4]{a^7}}$

a が 1 でない正の定数のとき $y = a^x$ を a を底とする**指数関数**という．
$y = 2^x$ のグラフと $y = \left(\dfrac{1}{2}\right)^x$ のグラフは次のようになる．

x	-3 -2 -1 0 1 2 3
$y=2^x$	$\dfrac{1}{8}$ $\dfrac{1}{4}$ $\dfrac{1}{2}$ 1 2 4 8

x	-3 -2 -1 0 1 2 3
$y=\left(\dfrac{1}{2}\right)^x$	8 4 2 1 $\dfrac{1}{2}$ $\dfrac{1}{4}$ $\dfrac{1}{8}$

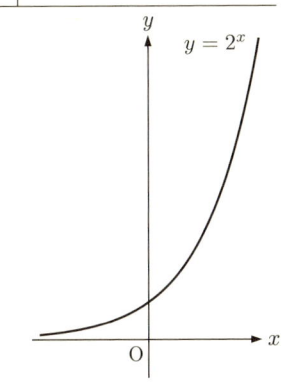

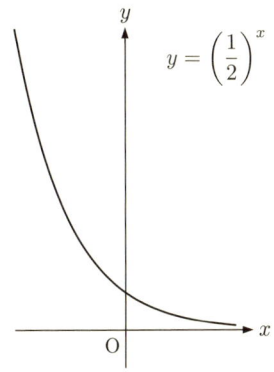

このように指数関数 $y=a^x$ は $a>1$ のとき狭義単調増加, $0<a<1$ のとき狭義単調減少である.

> 円のグラフを考えればわかるように, あるいは直線の傾きを考えればわかるように, グラフを描くには x 軸と y 軸とで目盛を等しくとるのが基本である. 上の図ではそうなっている. しかし関数の値が大きすぎるときは x 軸と y 軸とで目盛を変えてもよい.

例題 5.4

次の方程式を解け.
(1) $3^{x+1}=9\sqrt{3}$ (2) $4^x-2^{x+1}-8=0$

解

(1) $3^{x+1}=9\sqrt{3}$ より $3^{x+1}=3^{\frac{5}{2}}$. 指数を比べると $x+1=\dfrac{5}{2}$ であるから $x=\dfrac{3}{2}$

(2) $4^x=(2^2)^x=2^{2x}=(2^x)^2, 2^{x+1}=2\cdot 2^x$ であるから
 $2^x=t$ とおいて $t^2-2t-8=0$ の正の解を求める.
 $(t-4)(t+2)=0$ より $t=4$. $2^x=4$ より $x=2$

例題 5.5

次の不等式を解け．
(1) $\left(\dfrac{1}{2}\right)^{3x-1} < \left(\dfrac{1}{4}\right)^{x-2}$ (2) $3^{x+1} + 3^{1-x} - 10 < 0$

[解]

(1) $\left(\dfrac{1}{2}\right)^{3x-1} < \left(\dfrac{1}{4}\right)^{x-2}$ より $\left(\dfrac{1}{2}\right)^{3x-1} < \left(\dfrac{1}{2}\right)^{2x-4}$ である．

$y = \left(\dfrac{1}{2}\right)^x$ は狭義単調減少であるから $3x - 1 > 2x - 4$ となる．

ゆえに $x > -3$ が答えである．

あるいは $2^{1-3x} < 2^{4-2x}$ と変形して $y = 2^x$ が狭義単調増加であることを用いてもよい．

(2) $3^{x+1} + 3^{1-x} - 10 < 0$ において $3^{x+1} = 3 \cdot 3^x, 3^{1-x} = \dfrac{3}{3^x}$ であるから，$3^x = t$ とおいて t の範囲を求める．

すなわち $t > 0$ かつ $3t + \dfrac{3}{t} - 10 < 0$ となる t の範囲を求めればよい．

分母を払うと $3t^2 - 10t + 3 < 0$ より $(3t-1)(t-3) < 0$ で
$\dfrac{1}{3} < t < 3$ となるから確かに $t > 0$ となっている．

よって，$\dfrac{1}{3} < 3^x < 3$ となる x を求めればよいが，
$y = 3^x$ は狭義単調増加であるから $-1 < x < 1$ となる．

例題 5.6

次の数の大小を比較せよ．
(1) $\sqrt{2}, \sqrt[3]{4}, \sqrt[4]{8}$ (2) $\sqrt[3]{3}, \sqrt[4]{4}, \sqrt[6]{6}$

[解]

(1) $\sqrt{2} = 2^{\frac{1}{2}}, \sqrt[3]{4} = \sqrt[3]{2^2} = 2^{\frac{2}{3}}, \sqrt[4]{8} = \sqrt[4]{2^3} = 2^{\frac{3}{4}}$ で
$\dfrac{1}{2} = 0.5, \dfrac{2}{3} = 0.666\cdots, \dfrac{3}{4} = 0.75$ であるから，
$y = 2^x$ が狭義単調増加であることを用いて，$\sqrt{2} < \sqrt[3]{4} < \sqrt[4]{8}$ となる．

(2) 12 乗して比較すると，$\left(\sqrt[3]{3}\right)^{12} = (3^{\frac{1}{3}})^{12} = 3^4 = 81$，
$\left(\sqrt[4]{4}\right)^{12} = (4^{\frac{1}{4}})^{12} = 4^3 = 64$，$\left(\sqrt[6]{6}\right)^{12} = (6^{\frac{1}{6}})^{12} = 6^2 = 36$
であるから $\sqrt[3]{3} > \sqrt[4]{4} > \sqrt[6]{6}$

練習問題 5A

1. $y = 3^x$ のグラフと $y = \left(\dfrac{1}{3}\right)^x$ のグラフを描け.
2. 次の累乗根を求めよ.
   (1) $\sqrt[3]{64}, \sqrt[4]{625}, \sqrt[5]{243}$
   (2) $\sqrt[3]{-\dfrac{1}{8}}, \sqrt[3]{-\dfrac{8}{27}}, \sqrt[3]{-\dfrac{64}{125}}$
3. 次の数を簡単にせよ. ただし, $a, b > 0$ とする.
   (1) $\sqrt[5]{8} \times \sqrt[5]{4}$
   (2) $\sqrt[6]{81} \times \sqrt[6]{9}$
   (3) $\sqrt[3]{a} \times \sqrt[3]{a^4} \div a^{-\frac{1}{3}}$
   (4) $\left(a^{-\frac{2}{3}}\right)^{\frac{3}{5}} \div a^{-\frac{2}{5}}$
   (5) $\sqrt[6]{a^2 b^{-4}} \times \sqrt[6]{a^{-3} b^2}$
4. 次の方程式を解け.
   (1) $5^{2x-3} = \dfrac{1}{\sqrt{5}}$
   (2) $9^x - 7 \cdot 3^{x-1} - 2 = 0$
5. 次の不等式を解け.
   (1) $4^{5x-6} > 8^{x-3}$
   (2) $4^{x-1} - 3 \cdot 2^{x-1} + 2 < 0$

練習問題 5B

1. 次の方程式を解け.
   (1) $3^{2x-1} - 4 \cdot 3^{x-1} + 1 = 0$
   (2) $4^x - 7 \cdot 2^x + 12 = 0$
2. 次の不等式を解け.
   (1) $9^x - 6 \cdot 3^x - 27 < 0$
   (2) $25^x - 3 \cdot 5^x - 10 > 0$
   (3) $9^x - 12 \cdot 3^x + 27 > 0$

6 対数関数

6.1 対数

$a > 0, a \neq 1, M > 0$ のとき，a を何乗したら M になるかという数を a を底とする M の**対数**といい，$\log_a M$ で表す．M を $\log_a M$ の**真数**という．

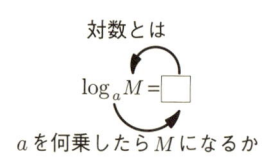

対数とは
$$\log_a M = \boxed{}$$
a を何乗したら M になるか

例題 6.1

次の値を求めよ．

(1) $\log_2 32$ (2) $\log_3 27$

(3) $\log_5 625$

解

(1) $2^5 = 32$ であるから $\log_2 32 = 5$

(2) $3^3 = 27$ であるから $\log_3 27 = 3$

(3) $5^4 = 625$ であるから $\log_5 625 = 4$

例題 6.2

対数の性質を証明せよ．

(1) $a^{\log_a M} = M$

(2) k が実数のとき，$\log_a a^k = k$ である．特に $\log_a 1 = 0, \log_a a = 1$ である．

(3) $M, N > 0$ のとき，$\log_a MN = \log_a M + \log_a N$

(4) $M, N > 0$ のとき，$\log_a \dfrac{M}{N} = \log_a M - \log_a N$

(5) k が実数のとき，$\log_a M^k = k \log_a M$

解

(1) $\log_a M$ とは a を何乗したら M になるかという数であるから，$a^{\log_a M} = M$ が成り立つ．

(2) $\log_a a^k$ とは a を何乗したら a^k になるかという数であるから，$\log_a a^k = k$ である．

(3) 指数法則により，$a^{\log_a M + \log_a N} = a^{\log_a M} \cdot a^{\log_a N} = MN$ であるから，$\log_a MN = \log_a M + \log_a N$ が成り立つ．

(4) 指数法則により，$a^{\log_a M - \log_a N} = \dfrac{a^{\log_a M}}{a^{\log_a N}} = \dfrac{M}{N}$ であるから，$\log_a \dfrac{M}{N} = \log_a M - \log_a N$ が成り立つ．

(5) 指数法則により，$a^{k \log_a M} = \left(a^{\log_a M}\right)^k = M^k$ であるから，$\log_a M^k = k \log_a M$ が成り立つ．

例題 6.3

次の値を求めよ．

(1) $\log_6 12 + \log_6 3$

(2) $\log_3 6 + \log_3 \dfrac{9}{2}$

(3) $\log_5 10 - \log_5 2$

(4) $3 \log_2 6 - 2 \log_2 18 + \log_2 3$

解

(1) $\log_6 12 + \log_6 3 = \log_6(12 \times 3) = \log_6 36 = 2$

(2) $\log_3 6 + \log_3 \dfrac{9}{2} = \log_3 \left(6 \times \dfrac{9}{2}\right) = \log_3 27 = 3$

(3) $\log_5 10 - \log_5 2 = \log_5 \dfrac{10}{2} = \log_5 5 = 1$

(4) $3\log_2 6 - 2\log_2 18 + \log_2 3 = \log_2 6^3 - \log_2 18^2 + \log_2 3 = \log_2 \dfrac{6^3 \times 3}{18^2}$
$= \log_2 \dfrac{2^3 \cdot 3^4}{2^2 \cdot 3^4} = \log_2 2 = 1$ ∎

底の変換公式

$a, b > 0, a \neq 1, b \neq 1, M > 0$ のとき,次が成り立つ.
$$\log_a M = \dfrac{\log_b M}{\log_b a}$$

証明は次のようにする.

$a^{\log_a M} = M$ の b を底とする対数をとると $\log_b\left(a^{\log_a M}\right) = \log_b M$ であるが,左辺は $\log_a M \cdot \log_b a$ であるから $\log_a M \cdot \log_b a = \log_b M$ より $\log_a M = \dfrac{\log_b M}{\log_b a}$ が成り立つ.

例題 6.4

次の値を求めよ.

(1) $\log_2 9 \cdot \log_3 8$ (2) $\log_2 25 \cdot \log_3 8 \cdot \log_5 9$

解 対数の底の1つとして2が使われているので,対数の底を2に統一する.

1. $\log_2 9 \cdot \log_3 8 = \dfrac{(\log_2 9) \cdot (\log_2 8)}{(\log_2 3)} = \dfrac{(2\log_2 3) \cdot 3}{\log_2 3} = 6$

2. $\log_2 25 \cdot \log_3 8 \cdot \log_5 9 = \dfrac{\log_2 5^2 \cdot \log_2 2^3 \cdot \log_2 3^2}{\log_2 3 \cdot \log_2 5} = \dfrac{2\log_2 5 \cdot 3 \cdot 2\log_2 3}{\log_2 3 \cdot \log_2 5}$
$= 12$ ∎

a が1でない正の定数のとき $y = \log_a x$ を a を底とする**対数関数**という.定義域は $x > 0$,値域は実数全体である.

$y = \log_2 x$ のグラフと $y = \log_{\frac{1}{2}} x = \dfrac{\log_2 x}{\log_2 \frac{1}{2}} = -\log_2 x$ のグラフは次のようになる.

x	$\frac{1}{8}$	$\frac{1}{4}$	$\frac{1}{2}$	1	2	4	8
$y = \log_2 x$	-3	-2	-1	0	1	2	3

x	$\frac{1}{8}$	$\frac{1}{4}$	$\frac{1}{2}$	1	2	4	8
$y = \log_{\frac{1}{2}} x$	3	2	1	0	-1	-2	-3

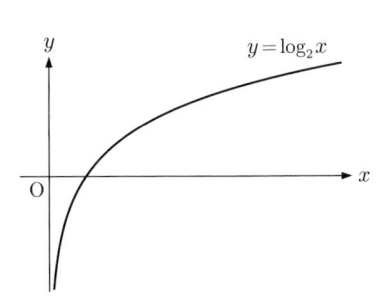

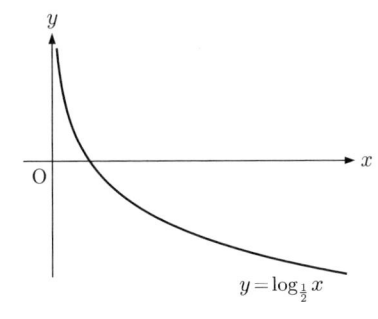

このように対数関数 $y = \log_a x$ は $a > 1$ のとき狭義単調増加，$0 < a < 1$ のとき狭義単調減少である．

例題 6.5

次の方程式を解け．

(1) $\log_2 x = 5$

(2) $\log_5(x-2) - \log_5(x-3) = 1$

(3) $\log_3 x + \log_3(x-2) = 1$

解

(1) 対数の定義より $x = 2^5 = 32$ である．

(2) 真数条件より「$x > 2$ かつ $x > 3$」すなわち $x > 3$ である．
$\log_5(x-2) - \log_5(x-3) = 1$ より $\log_5 \dfrac{x-2}{x-3} = 1$ であるから
$\dfrac{x-2}{x-3} = 5$ となる．$x - 2 = 5x - 15$ より $x = \dfrac{13}{4}$ となるが，
これは $x > 3$ を満たすから $x = \dfrac{13}{4}$ が答えである．

(3) 真数条件より「$x > 0$ かつ $x > 2$」すなわち $x > 2$ である．
$\log_3 x + \log_3(x-2) = 1$ より $\log_3 x(x-2) = 1$ であるから
$x(x-2) = 3$ となる．$x^2 - 2x - 3 = 0$ より $(x-3)(x+1) = 0$ となるが，
$x > 2$ であるから $x = 3$ が答えである．

例題 6.6

次の不等式を解け.

(1) $\log_{\frac{1}{2}}(3x-1) > \log_{\frac{1}{2}}(1-2x)$

(2) $\log_2(x-3) + \log_2(x-4) < 1$

(3) $\log_3(x-1) + \log_3(5-x) > 1$

解

(1) $\log_{\frac{1}{2}}(3x-1) > \log_{\frac{1}{2}}(1-2x)$ を解きたいが,

真数条件より $\frac{1}{3} < x < \frac{1}{2}$ である.

$y = \log_{\frac{1}{2}} x$ は狭義単調減少であるから $3x - 1 < 1 - 2x$ となる.

ゆえに $x < \frac{2}{5}$ となるが $\frac{1}{3} < x < \frac{1}{2}$ であるから

$\frac{1}{3} < x < \frac{2}{5}$ が答えである.

(2) $\log_2(x-3) + \log_2(x-4) < 1$ を解きたいが, 真数条件より $x > 4$ である.

$\log_2(x-3)(x-4) < 1$ となるが,

$\log_2 2 = 1$ で $y = \log_2 x$ は狭義単調増加であるから

真数を比較して $(x-3)(x-4) < 2$ である.

$x^2 - 7x + 10 < 0$ より $(x-2)(x-5) < 0$ となるので $2 < x < 5$

であるが, $x > 4$ であるから $4 < x < 5$ が答えである.

(3) $\log_3(x-1) + \log_3(5-x) > 1$ を解きたいが,

真数条件より $1 < x < 5$ である. $\log_3(x-1)(5-x) > 1$ となるが,

$\log_3 3 = 1$ で $y = \log_3 x$ は狭義単調増加であるから

真数を比較して $(x-1)(5-x) > 3$ である.

$(x-1)(x-5) < -3$ より $x^2 - 6x + 5 < -3$ となるので

$x^2 - 6x + 8 < 0$ より $(x-2)(x-4) < 0$ となる.

したがって, $2 < x < 4$ であるが, これは $1 < x < 5$ を満たしているので $2 < x < 4$ が答えである.

例題 6.7

次の数の大小を比較せよ.
(1) $\log_2 16, \log_2 32, \log_2 64$
(2) $\log_{\frac{1}{2}} 1, \log_{\frac{1}{2}} 2, \log_{\frac{1}{2}} 4$

解

(1) $\log_2 16 = 4, \log_2 32 = 5, \log_2 64 = 6$ より $\log_2 16 < \log_2 32 < \log_2 64$ であるが, $y = \log_2 x$ が狭義単調増加であることを用いてもよい.

(2) $\log_{\frac{1}{2}} 1 = 0, \log_{\frac{1}{2}} 2 = -1, \log_{\frac{1}{2}} 4 = -2$ より $\log_{\frac{1}{2}} 1 > \log_{\frac{1}{2}} 2 > \log_{\frac{1}{2}} 4$ であるが, $y = \log_{\frac{1}{2}} x$ が狭義単調減少であることを用いてもよい. ∎

10 を底とする対数を**常用対数**という. $\log_{10} 2 = 0.3010, \log_{10} 3 = 0.4771$ はよく知られている. 常用対数は真数の桁数を求めるのに用いられる.

$\log_{10} 1 = 0$ で 1 は 1 桁, $\log_{10} 2 = 0.3010$ で 2 は 1 桁,

$\log_{10} 10 = 1$ で 10 は 2 桁, $\log_{10} 16 = \log_{10} 2^4 = 4 \log_{10} 2 = 4 \times 0.3010 = 1.204$ で 16 は 2 桁,

$\log_{10} 100 = 2$ で 100 は 3 桁, $\log_{10} 128 = \log_{10} 2^7 = 7 \log_{10} 2 = 7 \times 0.3010 = 2.107$ で 128 は 3 桁

であるから, 常用対数の小数部分を繰り上げて得られる値が真数の桁数である.

例題 6.8

次の値を概算で求めよ.
(1) $\log_{10} 2$
(2) $\log_{10} 3$
(3) $\log_{10} 5$
(4) $\log_{10} 7$

解

(1) $2^{10} = 1024$ より $2^{10} \fallingdotseq 10^3$ である. 両辺の常用対数をとると, $10 \log_{10} 2 \fallingdotseq 3$ であるから $\log_{10} 2 \fallingdotseq 0.3$ である.

(2) $3^4 = 81 \fallingdotseq 80 = 2^3 \times 10$ より $4 \log_{10} 3 \fallingdotseq 3 \log_{10} 2 + 1 \fallingdotseq 3 \times 0.3 + 1 = 1.9$ である. ゆえに $\log_{10} 3 \fallingdotseq \dfrac{1.9}{4} = 0.475$ となる.

(3) $\log_{10} 5 = \log_{10} \dfrac{10}{2} = \log_{10} 10 - \log_{10} 2 \fallingdotseq 1 - 0.3 = 0.7$ である.

(4) $7^2 = 49 \fallingdotseq 50 = \dfrac{100}{2}$ である. 両辺の常用対数をとると,

$2\log_{10} 7 \fallingdotseq \log_{10} 100 - \log_{10} 2 = 2 - \log_{10} 2 \fallingdotseq 2 - 0.3 = 1.7$ であるから
$\log_{10} 7 \fallingdotseq \dfrac{1.7}{2} = 0.85$

例題 6.9

$\log_{10} 2 = 0.3010, \log_{10} 3 = 0.4771$ を用いて，次の数の桁数を求めよ．また，真の値を計算せよ．

(1) 2^{16} (2) 3^{20}

解

(1) $\log_{10} 2^{16} = 16 \log_{10} 2 = 16 \times 0.3010 = 4.816$ より 2^{16} は 5 桁である．また，

$$2^{16} = \left(\left(\left(2^2\right)^2\right)^2\right)^2 = \left(\left(4^2\right)^2\right)^2 = \left(16^2\right)^2 = 256^2 = 65536$$

である．

(2) $\log_{10} 3^{20} = 20 \log_{10} 3 = 20 \times 0.4771 = 9.542$ より 3^{20} は 10 桁である．また，

$$3^{20} = 3^{16+4} = \left(\left(\left(3^2\right)^2\right)^2\right)^2 \cdot \left(3^2\right)^2 = \left(\left(9^2\right)^2\right)^2 \cdot 9^2 = \left(81^2\right)^2 \cdot 81$$

$$= 6561^2 \cdot 81 = 43046721 \cdot 81 = 3486784401$$

である．

練習問題 6A

1. 次の値を求めよ．

(1) $\log_3 81$ (2) $\log_2 \dfrac{1}{8}$ (3) $\log_5 \dfrac{1}{25}$

2. 次の値を求めよ．

(1) $\log_4 8 + \log_4 32$ (2) $\log_8 2 + \log_8 32$

(3) $\log_3 24 - \log_3 \dfrac{8}{3}$ (4) $4\log_5 10 - 3\log_5 20 + 2\log_5 2$

3. 次の値を求めよ．

(1) $\log_3 25 \cdot \log_5 27$ (2) $\log_3 49 \cdot \log_5 9 \cdot \log_7 5$

4. 次の方程式を解け．

(1) $\log_3 x = 4$

(2) $\log_2(x-1) - \log_2(x-2) = 1$

(3) $\log_3(x-1) + \log_3(x+1) = 1$

5. 次の不等式を解け．

(1) $\log_3(x-2) > \log_3(3-x)$

(2) $\log_5(x+1) - \log_5(x-1) > 1$

練習問題 6B

1. 次の方程式を解け．

(1) $\log_2(x-2) + \log_2(8-x) = 3$

(2) $\log_2 x + \log_2(4-x) = 2$

2. 次の不等式を解け．

(1) $\log_{10}(x+1) + \log_{10}(x+4) > 1$

(2) $\log_4(x-2) + \log_4(x-5) < 1$

(3) $\log_3(x-1) + \log_3(5-x) < 1$

3. 次の値を求めよ．$\log_{10} 2 = 0.3010, \log_{10} 3 = 0.4771$ を用いてよい．

(1) $\log_{10} 15$ (2) $\log_{10} 24$ (3) $\log_{10} 60$

4. 2^{44} の桁数を求めよ．$\log_{10} 2 = 0.3010$ を用いてよい．

5. 1時間で2倍になるバクテリアが10000倍になるのに約何時間かかるか．$\log_{10} 2 = 0.3010$ を用いてよい．

7 三角関数

7.1 鋭角と鈍角の三角比

本書では $\triangle$ABC において $\angle$A, $\angle$B, $\angle$C の大きさを A, B, C, 辺 BC, CA, AB の長さを a, b, c で表すことにする.

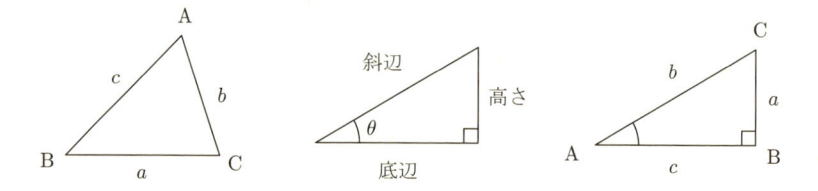

まず鋭角 θ ($0° < \theta < 90°$) を 1 つの角にもつ直角三角形を考え, θ の三角比, サイン, コサイン, タンジェントを次のように定める.

$$\sin\theta = \frac{高さ}{斜辺}, \quad \cos\theta = \frac{底辺}{斜辺}, \quad \tan\theta = \frac{高さ}{底辺}$$

したがって, $\angle$B が直角である直角三角形 ABC においては

$$\sin A = \frac{a}{b}, \cos A = \frac{c}{b}, \tan A = \frac{a}{c}$$

となる.

> **例題 7.1**
> △ABC において ∠B が直角のとき，2 辺の長さが与えられると △ABC が決まる．次のときに $\sin A, \cos A, \tan A$ および $\sin C, \cos C, \tan C$ を求めよ．
> (1)　$a=3, c=4$　　　　(2)　$a=5, b=13$
> (3)　$b=3, c=2$

解

(1) ピタゴラスの定理 $a^2+c^2=b^2$ より $b=5$ である．
よって，$\sin A = \dfrac{3}{5}$, $\cos A = \dfrac{4}{5}$, $\tan A = \dfrac{3}{4}$ である．
また，$\sin C = \dfrac{4}{5}$, $\cos C = \dfrac{3}{5}$, $\tan C = \dfrac{4}{3}$ である．

(2) ピタゴラスの定理 $a^2+c^2=b^2$ より $c=12$ である．
よって，$\sin A = \dfrac{5}{13}$, $\cos A = \dfrac{12}{13}$, $\tan A = \dfrac{5}{12}$ である．
また，$\sin C = \dfrac{12}{13}$, $\cos C = \dfrac{5}{13}$, $\tan C = \dfrac{12}{5}$ である．

(3) ピタゴラスの定理 $a^2+c^2=b^2$ より $a=\sqrt{5}$ である．
よって，$\sin A = \dfrac{\sqrt{5}}{3}$, $\cos A = \dfrac{2}{3}$, $\tan A = \dfrac{\sqrt{5}}{2}$ である．
また，$\sin C = \dfrac{2}{3}$, $\cos C = \dfrac{\sqrt{5}}{3}$, $\tan C = \dfrac{2}{\sqrt{5}}$ である．

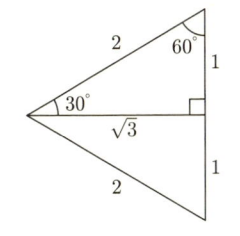

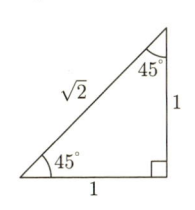

> **例題 7.2**
> 次の角の三角比を求めよ．
> (1)　30°　　　　(2)　60°　　　　(3)　45°

解

(1) 1 辺の長さが 2 の正三角形を考え，頂点から対辺に垂線を下ろすと正三角

形は 3 辺の長さが $1, 2, \sqrt{3}$ の直角三角形 2 個に分割される．

よって，$\sin 30° = \dfrac{1}{2}$, $\cos 30° = \dfrac{\sqrt{3}}{2}$, $\tan 30° = \dfrac{1}{\sqrt{3}}$ である．

(2) 同じ図を使うと $\sin 60° = \dfrac{\sqrt{3}}{2}$, $\cos 60° = \dfrac{1}{2}$, $\tan 60° = \sqrt{3}$ である．

(3) 直角を挟む 2 辺の長さが 1 である直角 2 等辺三角形を考えるとピタゴラスの定理より斜辺の長さは $\sqrt{2}$ である．

よって，$\sin 45° = \dfrac{1}{\sqrt{2}}$, $\cos 45° = \dfrac{1}{\sqrt{2}}$, $\tan 45° = 1$ である．

上の例のように，三角比において直角以外の 2 角を取り替えると高さと底辺が入れ替わるので次の公式が成り立つ．サインとコサインが入れ替わり，タンジェントが逆数になることに注意せよ．

$90° - \theta$ の三角比

(1) $\sin(90° - \theta) = \cos \theta$

(2) $\cos(90° - \theta) = \sin \theta$

(3) $\tan(90° - \theta) = \dfrac{1}{\tan \theta}$

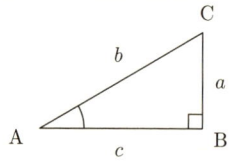

$\triangle \mathrm{ABC}$ において $\angle \mathrm{B}$ が直角のとき，$\sin A = \dfrac{a}{b}$, $\cos A = \dfrac{c}{b}$, $\tan A = \dfrac{a}{c}$ となる．これより $\dfrac{\sin A}{\cos A} = \dfrac{\frac{a}{b}}{\frac{c}{b}} = \dfrac{a}{c} = \tan A$ となる．また，ピタゴラスの定理より $a^2 + c^2 = b^2$ であるから，両辺を b^2 で割ると $\left(\dfrac{a}{b}\right)^2 + \left(\dfrac{c}{b}\right)^2 = 1$ すなわち $\sin^2 A + \cos^2 A = 1$ が成り立つ．さらに両辺を $\cos^2 A$ で割ると $1 + \tan^2 A = \dfrac{1}{\cos^2 A}$ となる．A を θ で置き換えると次の公式が成り立つ．

7.1 鋭角と鈍角の三角比

三角比の相互関係

1. $\tan\theta = \dfrac{\sin\theta}{\cos\theta}$
2. $\sin^2\theta + \cos^2\theta = 1$
3. $1 + \tan^2\theta = \dfrac{1}{\cos^2\theta}$

すなわち，三角比はサイン，コサイン，タンジェントのいずれか1つがわかれば，残りの2つも求まる．ただし，符号に注意する必要がある．

例題 7.3

次の値を求めよ．ただし，θ は鋭角とする．
(1) $\sin\theta = \dfrac{1}{3}$ のとき，$\cos\theta$ と $\tan\theta$
(2) $\cos\theta = \dfrac{1}{4}$ のとき，$\sin\theta$ と $\tan\theta$
(3) $\tan\theta = 3$ のとき，$\sin\theta$ と $\cos\theta$

解

(1) $\sin^2\theta + \cos^2\theta = 1$ より $\cos^2\theta = 1 - \sin^2\theta = 1 - \left(\dfrac{1}{3}\right)^2 = \dfrac{8}{9}$ である．

$\cos\theta > 0$ であるから $\cos\theta = \dfrac{2\sqrt{2}}{3}$ である．

$\tan\theta = \dfrac{\sin\theta}{\cos\theta} = \dfrac{\frac{1}{3}}{\frac{2\sqrt{2}}{3}} = \dfrac{1}{2\sqrt{2}} = \dfrac{\sqrt{2}}{4}$ である．

斜辺が3，高さが1の直角三角形を考えてもよい．

(2) $\sin^2\theta + \cos^2\theta = 1$ より $\sin^2\theta = 1 - \cos^2\theta = 1 - \left(\dfrac{1}{4}\right)^2 = \dfrac{15}{16}$ である．

$\sin\theta > 0$ であるから $\sin\theta = \dfrac{\sqrt{15}}{4}$ である．

$\tan\theta = \dfrac{\sin\theta}{\cos\theta} = \dfrac{\frac{\sqrt{15}}{4}}{\frac{1}{4}} = \sqrt{15}$ である．

斜辺が4，底辺が1の直角三角形を考えてもよい

(3) $1 + \tan^2\theta = \dfrac{1}{\cos^2\theta}$ より $\cos^2\theta = \dfrac{1}{1+\tan^2\theta} = \dfrac{1}{1+3^2} = \dfrac{1}{10}$

である．$\cos\theta > 0$ であるから $\cos\theta = \dfrac{1}{\sqrt{10}}$ である．

$\sin\theta = \tan\theta \cdot \cos\theta = 3 \cdot \dfrac{1}{\sqrt{10}} = \dfrac{3}{\sqrt{10}}$ である．

底辺が 1，高さが 3 の直角三角形を考えてもよい．

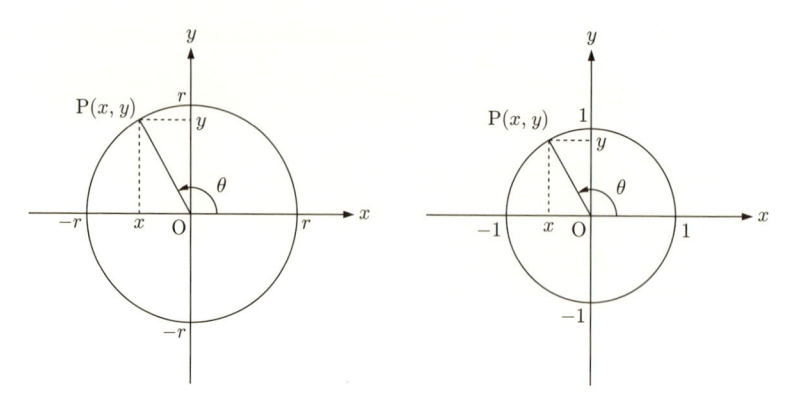

次に三角比の定義を一般化して鈍角の場合も含むようにする．xy 平面において原点を中心とする半径が r の円を描き，OP が x 軸の正方向となす角が θ ($0° \leqq \theta \leqq 180°$) となるように点 $\mathrm{P}(x,y)$ を円周上にとる．このとき $\sin\theta = \dfrac{y}{r}, \cos\theta = \dfrac{x}{r}, \tan\theta = \dfrac{y}{x}$ と定める．ただし，$\theta = 90°$ のとき，$\tan\theta$ は定義されない．特に原点を中心とする半径が 1 の円を**単位円**とよぶ．このときは $\sin\theta = y, \cos\theta = x, \tan\theta = \dfrac{y}{x}$ となる．

三角比の定義

$$\sin\theta = \frac{y}{r}, \ \cos\theta = \frac{x}{r}, \ \tan\theta = \frac{y}{x}$$

例題 7.4

次の角の三角比を求めよ．

(1) 120° (2) 135° (3) 150°

解

(1) 原点を中心とする半径が 2 の円を描き，OP が x 軸の正方向となす角が 120° となるように点 P を円周上にとると，P の座標は $(-1, \sqrt{3})$ である．よって，$\sin 120° = \dfrac{\sqrt{3}}{2}, \cos 120° = -\dfrac{1}{2}, \tan 120° = -\sqrt{3}$ である．

(2) 原点を中心とする半径が $\sqrt{2}$ の円を描き，OP が x 軸の正方向となす角が 135° となるように点 P を円周上にとると，P の座標は $(-1, 1)$ である．よって，$\sin 135° = \dfrac{1}{\sqrt{2}}, \cos 135° = -\dfrac{1}{\sqrt{2}}, \tan 135° = -1$ である．

(3) 原点を中心とする半径が 2 の円を描き，OP が x 軸の正方向となす角が 150° となるように点 P を円周上にとると，P の座標は $(-\sqrt{3}, 1)$ である．よって，$\sin 150° = \dfrac{1}{2}, \cos 150° = -\dfrac{\sqrt{3}}{2}, \tan 150° = -\dfrac{1}{\sqrt{3}}$ である．

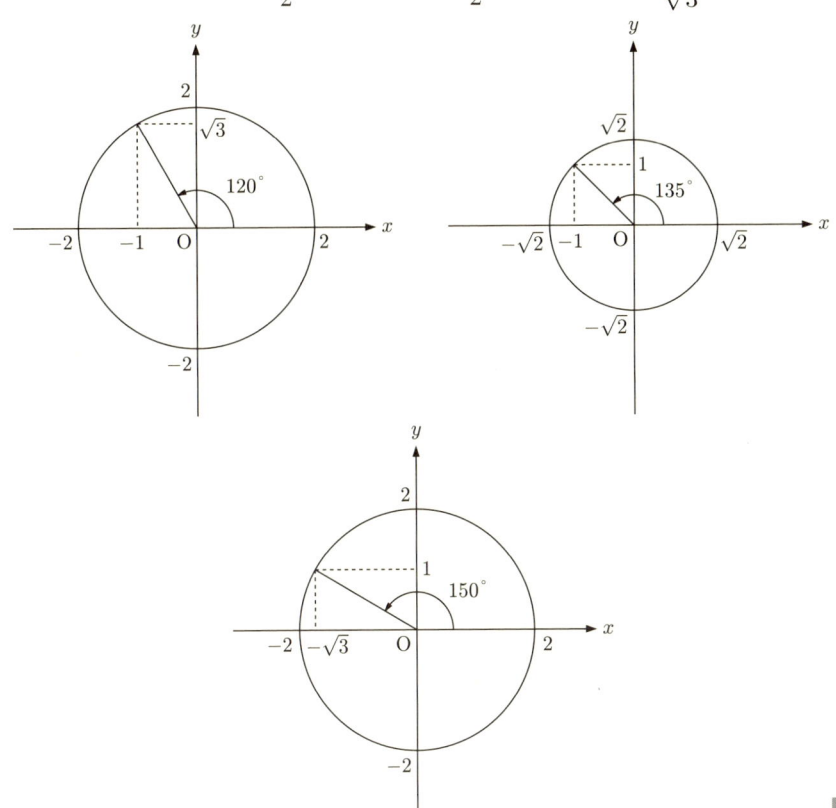

このように鈍角の三角比はサインが正，コサインとタンジェントが負である．以上をまとめて単位円で考えることもできる．

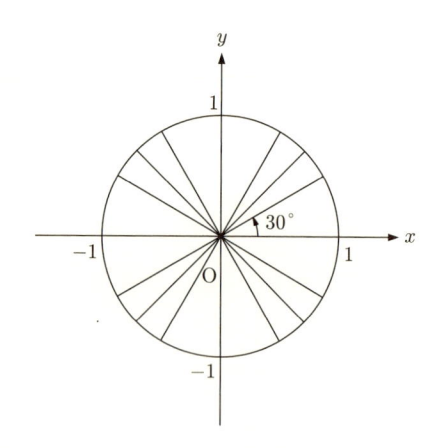

┌─ **例題 7.5** ─────────────
次の値を求めよ．
(1) $\sin 0°, \cos 0°, \tan 0°$　　(2) $\sin 90°, \cos 90°$
(3) $\sin 180°, \cos 180°, \tan 180°$
└─────────────────────

解

(1) 単位円において，OP が x 軸の正方向となす角が $0°$ となるように点 P を円周上にとると，P の座標は $(1, 0)$ である．

よって，$\sin 0° = 0, \cos 0° = 1, \tan 0° = 0$ である．

底辺が 1，高さが 0，斜辺が 1 であると考えてもよい．

(2) 単位円において，OP が x 軸の正方向となす角が $90°$ となるように点 P を円周上にとると，P の座標は $(0, 1)$ である．

よって，$\sin 90° = 1, \cos 90° = 0$ である．

底辺が 0，高さが 1，斜辺が 1 であると考えてもよい．

(3) 単位円において，OP が x 軸の正方向となす角が $180°$ となるように点 P を円周上にとると，P の座標は $(-1, 0)$ である．

よって，$\sin 180° = 0, \cos 180° = -1, \tan 180° = 0$ である．

これらの値は微分積分学でよく使われる．

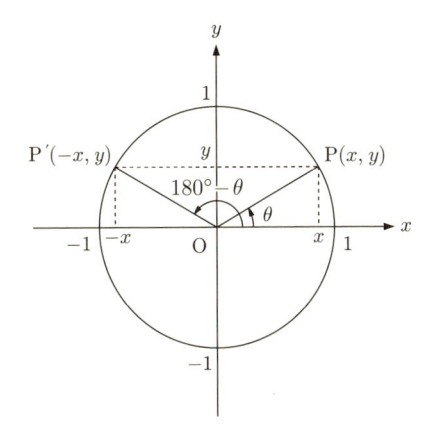

$0° \leqq \theta \leqq 180°$ のとき，θ と $180° - \theta$ では高さが共通で底辺の向きが異なるだけであるから次の公式が成り立つ．

$180° - \theta$ の三角比
1. $\sin(180° - \theta) = \sin\theta$
2. $\cos(180° - \theta) = -\cos\theta$
3. $\tan(180° - \theta) = -\tan\theta$

この公式を覚えるには次のようにする．左辺のサイン，コサイン，タンジェントは右辺にそのまま現れる．次に θ が鋭角のときを考えると，$180° - \theta$ は鈍角であるから，サイン，コサイン，タンジェントの符号は $+ - -$ である．よって，この符号を右辺につければよい．θ が鋭角でなくても上の公式は成り立つ．

$0° < \theta < 90°$ のときに述べた，三角比の相互関係は $0° \leqq \theta \leqq 180°$ のときも成り立つ．

三角比の相互関係
1. $\tan\theta = \dfrac{\sin\theta}{\cos\theta}$
2. $\sin^2\theta + \cos^2\theta = 1$
3. $1 + \tan^2\theta = \dfrac{1}{\cos^2\theta}$

例題 7.6

次の値を求めよ．ただし，θ は鈍角とする．

(1) $\sin\theta = \dfrac{3}{4}$ のとき，$\cos\theta$ と $\tan\theta$

(2) $\cos\theta = -\dfrac{2}{3}$ のとき，$\sin\theta$ と $\tan\theta$

(3) $\tan\theta = -2$ のとき，$\sin\theta$ と $\cos\theta$

解

(1) $\sin^2\theta + \cos^2\theta = 1$ より $\cos^2\theta = 1 - \sin^2\theta = \dfrac{7}{16}$ である．

$\cos\theta < 0$ であるから $\cos\theta = -\dfrac{\sqrt{7}}{4}$ である．

$\tan\theta = \dfrac{\sin\theta}{\cos\theta} = \dfrac{\frac{3}{4}}{-\frac{\sqrt{7}}{4}} = -\dfrac{3}{\sqrt{7}}$ である．

斜辺が 4，高さが 3 の直角三角形を考えてもよい．

(2) $\sin^2\theta + \cos^2\theta = 1$ より $\sin^2\theta = 1 - \cos^2\theta = \dfrac{5}{9}$ である．

$\sin\theta > 0$ であるから $\sin\theta = \dfrac{\sqrt{5}}{3}$ である．

$\tan\theta = \dfrac{\sin\theta}{\cos\theta} = \dfrac{\frac{\sqrt{5}}{3}}{-\frac{2}{3}} = -\dfrac{\sqrt{5}}{2}$ である．

斜辺が 3，底辺が 2 の直角三角形を考えてもよい．

(3) $1 + \tan^2\theta = \dfrac{1}{\cos^2\theta}$ より $\cos^2\theta = \dfrac{1}{1+\tan^2\theta} = \dfrac{1}{5}$ である．

$\cos\theta < 0$ であるから $\cos\theta = -\dfrac{1}{\sqrt{5}}$ である．

$\sin\theta = \tan\theta \cdot \cos\theta = \dfrac{2}{\sqrt{5}}$ である．

底辺が 1，高さが 2 の直角三角形を考えてもよい．

練習問題 7.1A

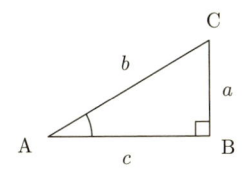

1. ∠B が直角である △ABC において，∠B が直角のとき，次のときに $\sin A, \cos A, \tan A$ および $\sin C, \cos C, \tan C$ を求めよ．
   (1) $b = 5, c = 3$
   (2) $c = 5, a = 12$
   (3) $a = 3, b = 4$

2. 次の値を求めよ．ただし，θ は鋭角とする．
   (1) $\sin\theta = \dfrac{1}{5}$ のとき，$\cos\theta$ と $\tan\theta$
   (2) $\cos\theta = \dfrac{2}{5}$ のとき，$\sin\theta$ と $\tan\theta$
   (3) $\tan\theta = 4$ のとき，$\sin\theta$ と $\cos\theta$

3. 次の値を求めよ．ただし，θ は鈍角とする．
   (1) $\sin\theta = \dfrac{1}{6}$ のとき，$\cos\theta$ と $\tan\theta$
   (2) $\cos\theta = -\dfrac{5}{6}$ のとき，$\sin\theta$ と $\tan\theta$
   (3) $\tan\theta = -5$ のとき，$\sin\theta$ と $\cos\theta$

練習問題 7.1B

1. 次を満たす θ を求めよ．ただし，$0° \leqq \theta \leqq 180°$ とする．
   (1) $\sin\theta = \dfrac{\sqrt{3}}{2}$
   (2) $\cos\theta = -\dfrac{\sqrt{3}}{2}$
   (3) $\tan\theta = 1$
   (4) $\cos\theta = 0$

2. θ が鋭角のとき $\sin(\theta+90°), \cos(\theta+90°), \tan(\theta+90°)$ を $\sin\theta, \cos\theta, \tan\theta$ で表せ．

3. $0° \leqq \theta \leqq 180°$ のとき，三角比の相互関係を証明せよ．

4. ピタゴラスの定理を証明せよ．

7.2 三角形への応用

三角形の3頂点を通る円を**外接円**という．

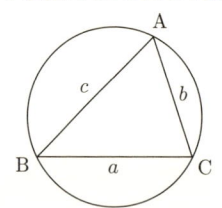

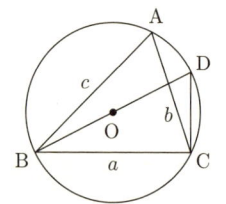

正弦定理

△ABC の外接円の半径を R とするとき
$$\frac{a}{\sin A} = \frac{b}{\sin B} = \frac{c}{\sin C} = 2R$$

証明は次のようにする．

A が鋭角のとき，B を通る直径を BD とすると，円周角は中心角の半分であるから，$A = D$ である．ここで $A = \angle \mathrm{BAC}, D = \angle \mathrm{BDC}$ である．△BCD は直角三角形であるから，$\sin D = \dfrac{a}{2R}$. したがって，$\dfrac{a}{\sin D} = 2R$ であるが，$D = A$ であるから $\dfrac{a}{\sin A} = 2R$ を得る．これは三角形の1つの角と対辺に関する式であるから，残りの式も出る．

A が直角や鈍角のときも証明できる．

例題 7.7

次の値を求めよ．

(1) △ABC において，$A = 45°, B = 60°, a = 1$ のとき，b と外接円の半径 R を求めよ．
(2) △ABC において，$A = 120°, B = 30°, a = \sqrt{3}$ のとき，c と外接円の半径 R を求めよ．

解

(1) $A = 45°, B = 60°, a = 1$ より $\dfrac{1}{\sin 45°} = \dfrac{b}{\sin 60°} = 2R$ である．

$\dfrac{1}{\frac{1}{\sqrt{2}}} = \dfrac{b}{\frac{\sqrt{3}}{2}} = 2R$ より $b = \dfrac{\sqrt{6}}{2}, R = \dfrac{\sqrt{2}}{2}$ である．

(2) $A = 120°, B = 30°, a = \sqrt{3}$ より $C = 30°$ であるから，
$$\frac{\sqrt{3}}{\sin 120°} = \frac{c}{\sin 30°} = 2R \text{ である．} \frac{\sqrt{3}}{\frac{\sqrt{3}}{2}} = \frac{c}{\frac{1}{2}} = 2R \text{ より}$$
$c = 1, R = 1$ である．

余弦定理

$$a^2 = b^2 + c^2 - 2bc\cos A$$
$$b^2 = c^2 + a^2 - 2ca\cos B$$
$$c^2 = a^2 + b^2 - 2ab\cos C$$

証明は次のようにする．

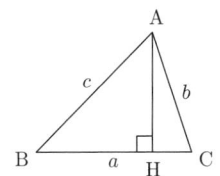

∠B が鋭角のとき，A から BC に引いた垂線と BC との交点を H とする．ピタゴラスの定理により $\text{AH}^2 = \text{AB}^2 - \text{BH}^2 = \text{AC}^2 - \text{CH}^2$ である．$\text{BH} = c\cos B$ より $\text{CH} = a - c\cos B$ であるから，$c^2 - (c\cos B)^2 = b^2 - (a - c\cos B)^2$ である．したがって，$c^2 - c^2\cos^2 B = b^2 - (a^2 - 2ca\cos B + c^2\cos^2 B)$ より $b^2 = c^2 + a^2 - 2ca\cos B$ を得る．これは 2 辺とその間の角およびその対辺に関する定理であるから，残りの式も成り立つ．

余弦定理は，A が直角のときはピタゴラスの定理であり，A が鈍角のときも証明できる．

例題 7.8

次の値を求めよ．
(1) △ABC において，$a = 6, c = 5, B = 60°$ のとき，b を求めよ．
(2) △ABC において，$\cos A = \dfrac{3}{4}, b = 4, c = 7$ のとき，a を求めよ．
(3) △ABC において，$a = 2, b = 4, c = 5$ のとき，$\cos C$ を求めよ．

解

(1) $a=6, c=5, B=60°$ であるから，余弦定理より
$b^2 = 5^2 + 6^2 - 2\cdot 5\cdot 6\cos 60° = 25 + 36 - 2\cdot 5\cdot 6\cdot \dfrac{1}{2} = 31$ である．
ゆえに $b=\sqrt{31}$ が答えである．

(2) $\cos A = \dfrac{3}{4}, b=4, c=7$ であるから，余弦定理より
$a^2 = 4^2 + 7^2 - 2\cdot 4\cdot 7\cdot \dfrac{3}{4} = 16 + 49 - 42 = 23$ である．
ゆえに $a=\sqrt{23}$ が答えである．

(3) $a=2, b=4, c=5$ であるから，余弦定理より
$5^2 = 2^2 + 4^2 - 2\cdot 2\cdot 4\cos C$ である．
ゆえに $\cos C = -\dfrac{5}{16}$ が答えである．

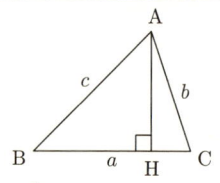

三角形の面積
$$S = \dfrac{1}{2}bc\sin A = \dfrac{1}{2}ca\sin B = \dfrac{1}{2}ab\sin C$$

上の図で $S = \dfrac{1}{2}\text{BC}\times\text{AH} = \dfrac{1}{2}ac\sin B$ である．これは 2 辺とその間の角に関する式であるから，残りの式も成り立つ．

例題 7.9

次で与えられる $\triangle\text{ABC}$ の面積を求めよ．
(1) $a=4, c=3, B=30°$
(2) $b=6, c=5, A=150°$

解

1. $a=4, c=3, B=30°$ であるから
$S = \dfrac{1}{2}\cdot 3\cdot 4\cdot \sin 30° = \dfrac{1}{2}\cdot 3\cdot 4\cdot \dfrac{1}{2} = 3$ である．

2. $b=6, c=5, A=150°$ であるから
$S = \dfrac{1}{2}\cdot 6\cdot 5\cdot \sin 150° = \dfrac{1}{2}\cdot 6\cdot 5\cdot \dfrac{1}{2} = \dfrac{15}{2}$ である．

7.2 三角形への応用

ヘロンの公式
$$S = \sqrt{s(s-a)(s-b)(s-c)}$$
ここで $s = \dfrac{a+b+c}{2}$ である.

─ 例題 7.10 ──

次で与えられる △ABC の面積を求めよ.
(1) $a=3, b=5, c=6$
(2) $a=2, b=3, c=4$

解

(1) $a=3, b=5, c=6$ より $s = \dfrac{3+5+6}{2} = 7$ であるから,
$$S = \sqrt{7(7-3)(7-5)(7-6)} = \sqrt{7 \cdot 4 \cdot 2} = 2\sqrt{14}$$

(2) $a=2, b=3, c=4$ より $s = \dfrac{2+3+4}{2} = \dfrac{9}{2}$ であるから,
$$S = \sqrt{\dfrac{9}{2}\left(\dfrac{9}{2}-2\right)\left(\dfrac{9}{2}-3\right)\left(\dfrac{9}{2}-4\right)} = \sqrt{\dfrac{9}{2} \cdot \dfrac{5}{2} \cdot \dfrac{3}{2} \cdot \dfrac{1}{2}} = \dfrac{3\sqrt{15}}{4}$$

練習問題 7.2A

1. 次の値を求めよ.
   (1) △ABC において, $A=60°, B=75°, c=2$ のとき, a と外接円の半径 R を求めよ.
   (2) △ABC において, $A=30°, B=120°, c=4$ のとき, b と外接円の半径 R を求めよ.

2. 次の値を求めよ.
   (1) △ABC において, $b=3, c=2, A=60°$ のとき, a を求めよ.
   (2) △ABC において, $\cos B = \dfrac{2}{3}, a=3, c=4$ のとき, b を求めよ.
   (3) △ABC において, $a=3, b=5, c=6$ のとき, $\cos B$ を求めよ.

3. 次で与えられる △ABC の面積を求めよ.
   (1) $b=7, c=5, A=45°$
   (2) $a=4, b=6, C=120°$

4. 次で与えられる △ABC の面積を求めよ.
　(1)　$a = 4, b = 7, c = 9$
　(2)　$a = 3, b = 5, c = 7$

練習問題 7.2B

1. 間の角が鈍角のときの余弦定理を証明せよ.

2. ヘロンの公式を証明せよ.

7.3　三角関数

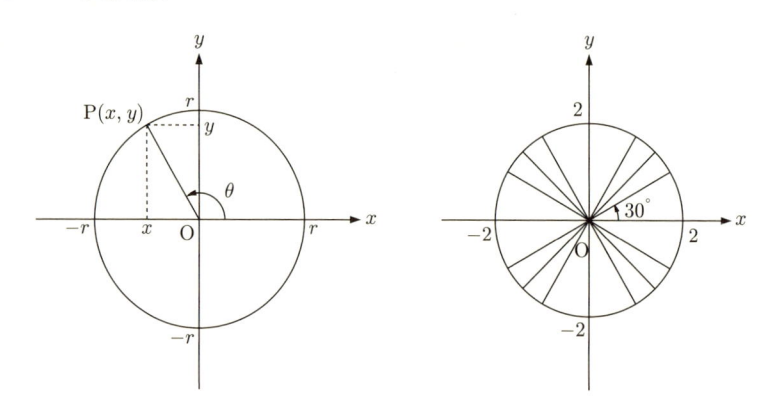

原点を中心とする半径が r の円において円周上に点 P をとったとき, 半直線 OP を**動径**という. これまで角の大きさは $0°$ から $180°$ までに限ってきたが, 角の範囲は任意の実数に広げることができる. すなわち, 角度は x 軸の正方向から左まわりにはかるものとし, 角度が負のときは右回りを表す. 角度の絶対値は $360°$ を越えてもよく, 動径が円周のどの位置を示しているかだけが問題となる. このように考えた角のことを**一般角**という.

> **例題 7.11**
> $r = 2$ のとき，次の θ に対し点 P を求めよ．
> (1) $\theta = 210°$ (2) $\theta = 300°$
> (3) $\theta = 420°$ (4) $\theta = 750°$
> (5) $\theta = -240°$

解

(1) $\theta = 210° = 180° + 30°$ であるから，P は x 軸の負の向きから $30°$ 下側にある．よって，P$(-\sqrt{3}, -1)$ である．

(2) $\theta = 300° = 360° - 60°$ であるから，P は x 軸の正の向きから $60°$ 下側にある．よって，P$(1, -\sqrt{3})$ である．

(3) $\theta = 420° = 360° + 60°$ であるから，P は x 軸の正の向きから $60°$ 上側にある．よって，P$(1, \sqrt{3})$ である．

(4) $\theta = 750° = 360° \times 2 + 30°$ であるから，P は x 軸の正の向きから $30°$ 上側にある．よって，P$(\sqrt{3}, 1)$ である．

(5) $\theta = -240° = -180° - 60°$ であるから，P は x 軸の負の向きから $60°$ 上側にある．よって，P$(-1, \sqrt{3})$ である． ■

一般角 θ に対しても鈍角のときと同じように $\sin\theta, \cos\theta, \tan\theta$ を定義することができる．すなわち $\sin\theta = \dfrac{y}{r}, \cos\theta = \dfrac{x}{r}, \tan\theta = \dfrac{y}{x}$ と定める．ただし，$x = 0$ のとき $\tan\theta$ は定義されない．$\sin\theta, \cos\theta, \tan\theta$ を**三角関数**とよぶ．単位円においては $r = 1$ であるから，$\sin\theta = y, \cos\theta = x, \tan\theta = \dfrac{y}{x}$ となる．動径がどの象限にあるかによって，三角関数の符号はサインは $\boxed{\begin{smallmatrix}+ & +\\ - & -\end{smallmatrix}}$，コサインは $\boxed{\begin{smallmatrix}- & +\\ - & +\end{smallmatrix}}$，タンジェントは $\boxed{\begin{smallmatrix}- & +\\ + & -\end{smallmatrix}}$ となる．このように三角関数の値は θ に対する動径の位置だけで決まるので，θ が $360°$ の整数倍だけ異なっていても三角関数の値は変わらない．したがって，$\sin\theta, \cos\theta$ は周期を $360°$ とする**周期関数**である．すぐ下で述べるように，$\tan\theta$ は周期を $180°$ とする周期関数である．

$-\theta$ の三角比
1. $\sin(-\theta) = -\sin\theta$
2. $\cos(-\theta) = \cos\theta$
3. $\tan(-\theta) = -\tan\theta$

θ が $-\theta$ に変わっても，x 座標は変わらず y 座標の符号だけが変わることが理由である．

$\theta + 180°$ の三角比
1. $\sin(\theta + 180°) = -\sin\theta$
2. $\cos(\theta + 180°) = -\cos\theta$
3. $\tan(\theta + 180°) = \tan\theta$

θ が $\theta + 180°$ に変わると，x 座標も y 座標もともに符号だけが変わることが理由である．θ を $-\theta$ で置き換えると $0° \leqq \theta \leqq 180°$ で成り立つ下の公式が，一般角でも成り立つことがわかる．

$180° - \theta$ の三角比
1. $\sin(180° - \theta) = \sin\theta$
2. $\cos(180° - \theta) = -\cos\theta$
3. $\tan(180° - \theta) = -\tan\theta$

$\theta + 90°$ の三角比
1. $\sin(\theta + 90°) = \cos\theta$
2. $\cos(\theta + 90°) = -\sin\theta$
3. $\tan(\theta + 90°) = -\dfrac{1}{\tan\theta}$

θ が $\theta + 90°$ に変わると，上図の $P(x, y)$ が $P'(-y, x)$ に移ることが理由である．θ を $-\theta$ で置き換えると $0° \leqq \theta \leqq 90°$ で成り立つ下の公式が，一般角でも成り立つことがわかる．

$90° - \theta$ の三角比

1. $\sin(90° - \theta) = \cos\theta$
2. $\cos(90° - \theta) = \sin\theta$
3. $\tan(90° - \theta) = \dfrac{1}{\tan\theta}$

注意

本節の箱で囲んだ公式はいっさい覚える必要はない．すなわちマイナスと180°の系統はサイン，コサイン，タンジェントが変わらず，90°の系統はサインがコサイン，コサインがサイン，タンジェントが逆数になる．あとは θ が鋭角のときの左辺の符号を右辺につければよい．

例題 7.12

次の角に対するサイン，コサイン，タンジェントを求めよ．
(1) 225°　　(2) 315°　　(3) $-30°$
(4) $-120°$　　(5) $-570°$

解

(1) 原点を中心とする半径が $\sqrt{2}$ の円を描き，OPが x 軸の正方向となす角が225°となるように点Pを円周上にとると，
225° = 180° + 45° であるからPの座標は $(-1, -1)$ である．
よって，$\sin 225° = -\dfrac{1}{\sqrt{2}}, \cos 225° = -\dfrac{1}{\sqrt{2}}, \tan 225° = 1$ である．

(2) 原点を中心とする半径が $\sqrt{2}$ の円を描き，OPが x 軸の正方向となす角が315°となるように点Pを円周上にとると，
315° = 360° - 45° であるからPの座標は $(1, -1)$ である．
よって，$\sin 315° = -\dfrac{1}{\sqrt{2}}, \cos 315° = \dfrac{1}{\sqrt{2}}, \tan 315° = -1$ である．

(3) 原点を中心とする半径が2の円を描き，OPが x 軸の正方向となす角が $-30°$ となるように点Pを円周上にとると，Pの座標は $(\sqrt{3}, -1)$ である．
よって，$\sin(-30°) = -\dfrac{1}{2}, \cos(-30°) = \dfrac{\sqrt{3}}{2}, \tan(-30°) = -\dfrac{1}{\sqrt{3}}$ で

94　第 7 章　三角関数

ある．
(4) 原点を中心とする半径が 2 の円を描き，OP が x 軸の正方向となす角が $-120°$ となるように点 P を円周上にとると，
P の座標は $(-1, -\sqrt{3})$ である．よって，
$\sin(-120°) = -\dfrac{\sqrt{3}}{2}, \cos(-120°) = -\dfrac{1}{2}, \tan(-120°) = \sqrt{3}$ である．
(5) 原点を中心とする半径が 2 の円を描き，OP が x 軸の正方向となす角が $-570°$ となるように点 P を円周上にとると，
$-570° = -360° \times 2 + 150°$ であるから P の座標は $(-\sqrt{3}, 1)$ である．
よって，$\sin(-570°) = \dfrac{1}{2}, \cos(-570°) = -\dfrac{\sqrt{3}}{2}, \tan(-570°) = -\dfrac{1}{\sqrt{3}}$ である．

例題 7.13

次の値を求めよ．
(1) θ が第 3 象限の角で $\sin\theta = -\dfrac{2}{7}$ のとき，$\cos\theta$ と $\tan\theta$
(2) θ が第 3 象限の角で $\cos\theta = -\dfrac{7}{8}$ のとき，$\sin\theta$ と $\tan\theta$
(3) θ が第 3 象限の角で $\tan\theta = 3$ のとき，$\sin\theta$ と $\cos\theta$
(4) θ が第 4 象限の角で $\sin\theta = -\dfrac{5}{8}$ のとき，$\cos\theta$ と $\tan\theta$
(5) θ が第 4 象限の角で $\cos\theta = \dfrac{3}{5}$ のとき，$\sin\theta$ と $\tan\theta$
(6) θ が第 4 象限の角で $\tan\theta = -4$ のとき，$\sin\theta$ と $\cos\theta$

解

(1) $\sin\theta = -\dfrac{2}{7}$ であるから $\sin^2\theta + \cos^2\theta = 1$ より $\cos^2\theta = 1 - \sin^2\theta = \dfrac{45}{49}$ である．第 3 象限においては $\cos\theta < 0$ であるから
$\cos\theta = -\dfrac{3\sqrt{5}}{7}$ である．$\tan\theta = \dfrac{\sin\theta}{\cos\theta} = \dfrac{-\dfrac{2}{7}}{-\dfrac{3\sqrt{5}}{7}} = \dfrac{2\sqrt{5}}{15}$ である．

斜辺が 7，高さが 2 の直角三角形を考えてもよい．

(2) $\cos\theta = -\dfrac{7}{8}$ であるから $\sin^2\theta + \cos^2\theta = 1$ より $\sin^2\theta = 1 - \cos^2\theta = \dfrac{15}{64}$ である．第 3 象限においては $\sin\theta < 0$ であるから

$\sin\theta = -\dfrac{\sqrt{15}}{8}$ である．$\tan\theta = \dfrac{\sin\theta}{\cos\theta} = \dfrac{-\dfrac{\sqrt{15}}{8}}{-\dfrac{7}{8}} = \dfrac{\sqrt{15}}{7}$ である．

斜辺が 8，底辺が 7 の直角三角形を考えてもよい．

(3) $\tan\theta = 3$ であるから $1 + \tan^2\theta = \dfrac{1}{\cos^2\theta}$ より $\cos^2\theta = \dfrac{1}{1 + \tan^2\theta} = \dfrac{1}{10}$ である．第 3 象限においては $\cos\theta < 0$ であるから
$\cos\theta = -\dfrac{1}{\sqrt{10}}$ である．$\sin\theta = \tan\theta \cdot \cos\theta = -\dfrac{3}{\sqrt{10}}$ である．
底辺が 1，高さが 3 の直角三角形を考えてもよい．

(4) $\sin\theta = -\dfrac{5}{8}$ であるから $\sin^2\theta + \cos^2\theta = 1$ より $\cos^2\theta = 1 - \sin^2\theta = \dfrac{39}{64}$
である．第 4 象限においては $\cos\theta > 0$ であるから $\cos\theta = \dfrac{\sqrt{39}}{8}$ である．

$\tan\theta = \dfrac{\sin\theta}{\cos\theta} = \dfrac{-\dfrac{5}{8}}{\dfrac{\sqrt{39}}{8}} = -\dfrac{5}{\sqrt{39}}$ である．

斜辺が 8，高さが 5 の直角三角形を考えてもよい．

(5) $\cos\theta = \dfrac{3}{5}$ であるから $\sin^2\theta + \cos^2\theta = 1$ より $\sin^2\theta = 1 - \cos^2\theta = \dfrac{16}{25}$
である．第 4 象限においては $\sin\theta < 0$ であるから $\sin\theta = -\dfrac{4}{5}$ である．

$\tan\theta = \dfrac{\sin\theta}{\cos\theta} = \dfrac{-\dfrac{4}{5}}{\dfrac{3}{5}} = -\dfrac{4}{3}$ である．

斜辺が 5，底辺が 3 の直角三角形を考えてもよい．

(6) $\tan\theta = -4$ であるから $1 + \tan^2\theta = \dfrac{1}{\cos^2\theta}$ より
$\cos^2\theta = \dfrac{1}{1 + \tan^2\theta} = \dfrac{1}{17}$ である．

第 4 象限においては $\cos\theta > 0$ であるから $\cos\theta = \dfrac{1}{\sqrt{17}}$ である．

$\sin\theta = \tan\theta \cdot \cos\theta = -\dfrac{4}{\sqrt{17}}$ である．

底辺が 1，高さが 4 の直角三角形を考えてもよい．

練習問題 7.3A

1. 次の値を求めよ．
   (1) θ が第 3 象限の角で $\sin\theta = -\dfrac{5}{13}$ のとき，$\cos\theta$ と $\tan\theta$
   (2) θ が第 3 象限の角で $\cos\theta = -\dfrac{6}{7}$ のとき，$\sin\theta$ と $\tan\theta$
   (3) θ が第 3 象限の角で $\tan\theta = 5$ のとき，$\sin\theta$ と $\cos\theta$
   (4) θ が第 4 象限の角で $\sin\theta = -\dfrac{1}{8}$ のとき，$\cos\theta$ と $\tan\theta$
   (5) θ が第 4 象限の角で $\cos\theta = \dfrac{3}{8}$ のとき，$\sin\theta$ と $\tan\theta$
   (6) θ が第 4 象限の角で $\tan\theta = -6$ のとき，$\sin\theta$ と $\cos\theta$

練習問題 7.3B

1. 次を満たす θ を求めよ．ただし，$180° \leqq \theta \leqq 360°$ とする．
   (1) $\sin\theta = -\dfrac{1}{2}$ (2) $\cos\theta = \dfrac{1}{2}$
   (3) $\tan\theta = 1$ (4) $\sin\theta = -1$

2. 次の値を $\sin\theta, \cos\theta, \tan\theta$ で表せ．
   (1) $\sin(\theta - 90°), \cos(\theta - 90°), \tan(\theta - 90°)$
   (2) $\sin(\theta - 180°), \cos(\theta - 180°), \tan(\theta - 180°)$

7.4　加法定理

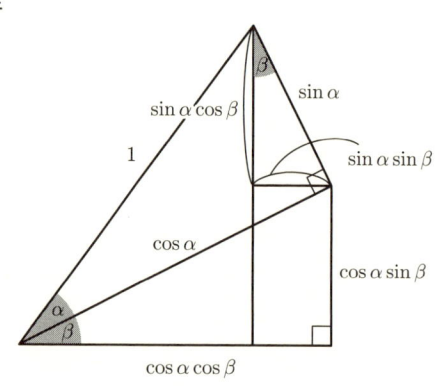

2 つの直角三角形を上下に貼り合わせることによって加法定理を導く．上の直角三角形は斜辺の長さが 1 で扱う角が α である．下の直角三角形は斜

辺の長さが $\cos\alpha$ で扱う角が β である．こうすると斜辺の長さが 1 で扱う角が $\alpha+\beta$ の三角形ができる．この直角三角形の高さは $\sin(\alpha+\beta)$ であるが $\sin\alpha\cos\beta+\cos\alpha\sin\beta$ にもなっている．また，この直角三角形の底辺の長さは $\cos(\alpha+\beta)$ であるが $\cos\alpha\cos\beta-\sin\alpha\sin\beta$ にもなっている．したがって，

$$\sin(\alpha+\beta) = \sin\alpha\cos\beta + \cos\alpha\sin\beta$$

$$\cos(\alpha+\beta) = \cos\alpha\cos\beta - \sin\alpha\sin\beta$$

が成り立つ．また，

$$\tan(\alpha+\beta) = \frac{\sin(\alpha+\beta)}{\cos(\alpha+\beta)} = \frac{\sin\alpha\cos\beta + \cos\alpha\sin\beta}{\cos\alpha\cos\beta - \sin\alpha\sin\beta}$$

となるので分子分母を $\cos\alpha\cos\beta$ で割ると

$$\tan(\alpha+\beta) = \frac{\tan\alpha + \tan\beta}{1 - \tan\alpha\tan\beta}$$

が成り立つ．

上の証明では α と β が小さいときを考えているが，以上のことは α と β が一般角のときも成り立つ．そこで β を $-\beta$ で置き換えると

$$\sin(\alpha-\beta) = \sin\alpha\cos\beta - \cos\alpha\sin\beta$$

$$\cos(\alpha-\beta) = \cos\alpha\cos\beta + \sin\alpha\sin\beta$$

$$\tan(\alpha-\beta) = \frac{\tan\alpha - \tan\beta}{1 + \tan\alpha\tan\beta}$$

が得られる．まとめると次のようになる．

加法定理

1. $\sin(\alpha\pm\beta) = \sin\alpha\cos\beta \pm \cos\alpha\sin\beta$ (複合同順)
2. $\cos(\alpha\pm\beta) = \cos\alpha\cos\beta \mp \sin\alpha\sin\beta$ (複合同順)
3. $\tan(\alpha\pm\beta) = \dfrac{\tan\alpha \pm \tan\beta}{1 \mp \tan\alpha\tan\beta}$ (複合同順)

例題 7.14

次の値を求めよ．

(1) $\sin 105°$ (2) $\cos 165°$ (3) $\tan 15°$

解

(1) $\sin 105° = \sin(60° + 45°) = \sin 60° \cos 45° + \cos 60° \sin 45°$
$= \dfrac{\sqrt{3}}{2} \cdot \dfrac{\sqrt{2}}{2} + \dfrac{1}{2} \cdot \dfrac{\sqrt{2}}{2} = \dfrac{\sqrt{6} + \sqrt{2}}{4}$

(2) $\cos 165° = \cos(120° + 45°) = \cos 120° \cos 45° - \sin 120° \sin 45°$
$= -\dfrac{1}{2} \cdot \dfrac{\sqrt{2}}{2} - \dfrac{\sqrt{3}}{2} \cdot \dfrac{\sqrt{2}}{2} = -\dfrac{\sqrt{6} + \sqrt{2}}{4}$

(3) $\tan 15° = \tan(45° - 30°) = \dfrac{\tan 45° - \tan 30°}{1 + \tan 45° \tan 30°}$

$= \dfrac{1 - \dfrac{1}{\sqrt{3}}}{1 + 1 \cdot \dfrac{1}{\sqrt{3}}} = \dfrac{\dfrac{\sqrt{3}-1}{\sqrt{3}}}{\dfrac{\sqrt{3}+1}{\sqrt{3}}} = \dfrac{\sqrt{3}-1}{\sqrt{3}+1}$ となるので分母を有理化して

$\tan 15° = \dfrac{\sqrt{3}-1}{\sqrt{3}+1} = \dfrac{(\sqrt{3}-1)^2}{(\sqrt{3}+1)(\sqrt{3}-1)} = \dfrac{4 - 2\sqrt{3}}{2} = 2 - \sqrt{3}$ となる．

例題 7.15

次の値を求めよ．

(1) $\sin\alpha = \dfrac{1}{3}, \sin\beta = \dfrac{2}{3}$ のとき $\sin(\alpha + \beta)$ を求めよ．ただし，α は第1象限の角で β は第2象限の角である．

(2) $\cos\alpha = -\dfrac{1}{4}, \cos\beta = -\dfrac{3}{4}$ のとき $\cos(\alpha + \beta)$ を求めよ．ただし，α は第2象限の角で β は第3象限の角である．

(3) $\tan\alpha = 2, \tan\beta = -3$ のとき $\tan(\alpha + \beta)$ を求めよ．

解

(1) $\cos\alpha > 0, \cos\beta < 0$ であるから $\cos\alpha = \sqrt{1 - \left(\dfrac{1}{3}\right)^2} = \dfrac{2\sqrt{2}}{3}$,

$\cos\beta = -\sqrt{1 - \left(\dfrac{2}{3}\right)^2} = -\dfrac{\sqrt{5}}{3}$ である．よって，

$\sin(\alpha+\beta) = \sin\alpha\cos\beta + \cos\alpha\sin\beta = \dfrac{1}{3} \cdot \left(-\dfrac{\sqrt{5}}{3}\right) + \dfrac{2\sqrt{2}}{3} \cdot \dfrac{2}{3}$

$= \dfrac{4\sqrt{2} - \sqrt{5}}{9}$

(2) $\sin\alpha > 0, \sin\beta < 0$ であるから $\sin\alpha = \sqrt{1-\left(-\dfrac{1}{4}\right)^2} = \dfrac{\sqrt{15}}{4}$,

$\sin\beta = -\sqrt{1-\left(-\dfrac{3}{4}\right)^2} = -\dfrac{\sqrt{7}}{4}$ である．よって，

$\cos(\alpha+\beta) = \cos\alpha\cos\beta - \sin\alpha\sin\beta$

$= \left(-\dfrac{1}{4}\right)\cdot\left(-\dfrac{3}{4}\right) - \dfrac{\sqrt{15}}{4}\cdot\left(-\dfrac{\sqrt{7}}{4}\right) = \dfrac{3+\sqrt{105}}{16}$

(3) $\tan(\alpha+\beta) = \dfrac{\tan\alpha + \tan\beta}{1 - \tan\alpha\tan\beta} = \dfrac{2+(-3)}{1-2\cdot(-3)} = -\dfrac{1}{7}$

加法定理において $\alpha = \beta$ とおくことにより 2 倍角の公式を得る．コサインの 2 倍角の公式は 3 つあるが $\sin^2\alpha = 1 - \cos^2\alpha$ と $\cos^2\alpha = 1 - \sin^2\alpha$ を用いればただちに導くことができる．

---

2 倍角の公式

1. $\sin 2\alpha = 2\sin\alpha\cos\alpha$
2. $\cos 2\alpha = \cos^2\alpha - \sin^2\alpha = 2\cos^2\alpha - 1 = 1 - 2\sin^2\alpha$
3. $\tan 2\alpha = \dfrac{2\tan\alpha}{1-\tan^2\alpha}$

例題 7.16

次の値を求めよ．
(1) α が第 2 象限の角で $\sin\alpha = \dfrac{1}{5}$ のとき，$\sin 2\alpha$
(2) $\sin\alpha = \dfrac{2}{5}$ のとき，$\cos 2\alpha$
(3) $\cos\alpha = -\dfrac{3}{4}$ のとき，$\cos 2\alpha$
(4) $\tan\alpha = 3$ のとき，$\tan 2\alpha$

解

(1) $\cos\alpha < 0$ であるから，$\cos\alpha = -\sqrt{1-\left(\dfrac{1}{5}\right)^2} = -\sqrt{\dfrac{24}{25}} = -\dfrac{2\sqrt{6}}{5}$

である．よって，$\sin 2\alpha = 2\sin\alpha\cos\alpha = 2 \cdot \dfrac{1}{5} \cdot \left(-\dfrac{2\sqrt{6}}{5}\right) = -\dfrac{4\sqrt{6}}{25}$

(2) $\cos 2\alpha = 1 - 2\sin^2\alpha = 1 - 2\left(\dfrac{2}{5}\right)^2 = \dfrac{17}{25}$

(3) $\cos 2\alpha = 2\cos^2\alpha - 1 = 2\left(-\dfrac{3}{4}\right)^2 - 1 = \dfrac{9}{8} - 1 = \dfrac{1}{8}$

(4) $\tan 2\alpha = \dfrac{2\tan\alpha}{1 - \tan^2\alpha} = \dfrac{2\cdot 3}{1 - 3^2} = -\dfrac{3}{4}$

$\cos 2\alpha = 2\cos^2\alpha - 1 = 1 - 2\sin^2\alpha$ において α を $\dfrac{\alpha}{2}$ で置き換えると $\cos\alpha = 2\cos^2\dfrac{\alpha}{2} - 1 = 1 - 2\sin^2\dfrac{\alpha}{2}$ となり，$\cos^2\dfrac{\alpha}{2} = \dfrac{1+\cos\alpha}{2}$ および $\sin^2\dfrac{\alpha}{2} = \dfrac{1-\cos\alpha}{2}$ が出る．したがって，$\tan^2\dfrac{\alpha}{2} = \dfrac{\sin^2\dfrac{\alpha}{2}}{\cos^2\dfrac{\alpha}{2}} = \dfrac{1-\cos\alpha}{1+\cos\alpha}$ となる．

半角の公式

1. $\sin^2\dfrac{\alpha}{2} = \dfrac{1-\cos\alpha}{2}$
2. $\cos^2\dfrac{\alpha}{2} = \dfrac{1+\cos\alpha}{2}$
3. $\tan^2\dfrac{\alpha}{2} = \dfrac{1-\cos\alpha}{1+\cos\alpha}$

例題 7.17

次の値を求めよ．

(1) $\sin 15°$ (2) $\cos 22.5°$ († $\tan 67.5°$

解

(1) $\sin^2 15° = \dfrac{1-\cos 30°}{2} = \dfrac{1-\dfrac{\sqrt{3}}{2}}{2} = \dfrac{2-\sqrt{3}}{4}$ より

$\sin 15° = \sqrt{\dfrac{2-\sqrt{3}}{4}} = \sqrt{\dfrac{4-2\sqrt{3}}{8}} = \dfrac{\sqrt{3}-1}{2\sqrt{2}} = \dfrac{\sqrt{6}-\sqrt{2}}{4}$

(2) $\cos^2 22.5° = \dfrac{1+\cos 45°}{2} = \dfrac{1+\dfrac{\sqrt{2}}{2}}{2} = \dfrac{2+\sqrt{2}}{4}$ より $\cos 22.5° = \dfrac{\sqrt{2+\sqrt{2}}}{2}$

(3) $\tan^2 67.5° = \dfrac{1-\cos 135°}{1+\cos 135°} = \dfrac{1+\dfrac{\sqrt{2}}{2}}{1-\dfrac{\sqrt{2}}{2}} = \dfrac{2+\sqrt{2}}{2-\sqrt{2}} = \dfrac{(2+\sqrt{2})^2}{(2-\sqrt{2})(2+\sqrt{2})}$

$= \dfrac{6+4\sqrt{2}}{2} = 3+2\sqrt{2}$ であるから $\tan 67.5° = \sqrt{3+2\sqrt{2}} = \sqrt{2}+1$ ∎

3倍角の公式

1. $\sin 3\alpha = 3\sin\alpha - 4\sin^3\alpha$
2. $\cos 3\alpha = 4\cos^3\alpha - 3\cos\alpha$

加法定理において，2つの式 $\sin(\alpha\pm\beta) = \sin\alpha\cos\beta \pm \cos\alpha\sin\beta$ を加えて2で割ることにより，$\sin\alpha\cos\beta = \dfrac{1}{2}\{\sin(\alpha+\beta)+\sin(\alpha-\beta)\}$ となるが，このようにして積を和・差になおす公式を得る．

積を和・差になおす公式

1. $\sin\alpha\cos\beta = \dfrac{1}{2}\{\sin(\alpha+\beta)+\sin(\alpha-\beta)\}$
2. $\cos\alpha\sin\beta = \dfrac{1}{2}\{\sin(\alpha+\beta)-\sin(\alpha-\beta)\}$
3. $\cos\alpha\cos\beta = \dfrac{1}{2}\{\cos(\alpha+\beta)+\cos(\alpha-\beta)\}$
4. $\sin\alpha\sin\beta = -\dfrac{1}{2}\{\cos(\alpha+\beta)-\cos(\alpha-\beta)\}$

積を和・差になおす公式において，$\alpha+\beta = A, \alpha-\beta = B$ とおくと $\alpha = \dfrac{A+B}{2}, \beta = \dfrac{A-B}{2}$ であるから，$\sin A + \cos B = 2\sin\dfrac{A+B}{2}\cos\dfrac{A-B}{2}$ となるが，このようにして和・差を積になおす公式を得る．

和・差を積になおす公式

1. $\sin A + \sin B = 2\sin\dfrac{A+B}{2}\cos\dfrac{A-B}{2}$
2. $\sin A - \sin B = 2\cos\dfrac{A+B}{2}\sin\dfrac{A-B}{2}$
3. $\cos A + \cos B = 2\cos\dfrac{A+B}{2}\cos\dfrac{A-B}{2}$
4. $\cos A - \cos B = -2\sin\dfrac{A+B}{2}\sin\dfrac{A-B}{2}$

―― 例題 7.18 ――

次の値を求めよ．

(1) $\sin 75° + \sin 15°$
(2) $\sin 105° - \sin 15°$
(3) $\cos 165° + \cos 105°$
(4) $\cos 195° - \cos 75°$

解

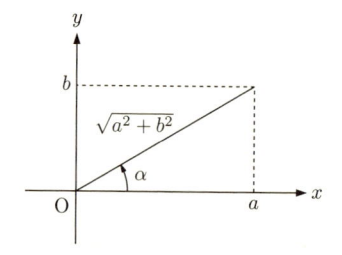

(1) $\sin 75° + \sin 15° = 2\sin 45° \cos 30° = 2 \cdot \dfrac{\sqrt{2}}{2} \cdot \dfrac{\sqrt{3}}{2} = \dfrac{\sqrt{6}}{2}$

(2) $\sin 105° - \sin 15° = 2\cos 60° \sin 45° = 2 \cdot \dfrac{1}{2} \cdot \dfrac{\sqrt{2}}{2} = \dfrac{\sqrt{2}}{2}$

(3) $\cos 165° + \cos 105° = 2\cos 135° \cos 30° = 2 \cdot \left(-\dfrac{\sqrt{2}}{2}\right) \cdot \dfrac{\sqrt{3}}{2} = -\dfrac{\sqrt{6}}{2}$

(4) $\cos 195° - \cos 75° = -2\sin 135° \sin 60° = -2 \cdot \dfrac{\sqrt{2}}{2} \cdot \dfrac{\sqrt{3}}{2} = -\dfrac{\sqrt{6}}{2}$

加法定理を用いると三角関数を合成することができる．$a \neq 0$ または $b \neq 0$ のとき，

$$a\sin x + b\cos x = \sqrt{a^2+b^2}\left(\sin x \cdot \dfrac{a}{\sqrt{a^2+b^2}} + \cos x \cdot \dfrac{b}{\sqrt{a^2+b^2}}\right)$$

であるが，α を $\cos\alpha = \dfrac{a}{\sqrt{a^2+b^2}}$, $\sin\alpha = \dfrac{b}{\sqrt{a^2+b^2}}$ を満たす角とすると，

$$a\sin x + b\cos x = \sqrt{a^2+b^2}\sin(x+\alpha)$$

となる．

三角関数の合成

$$a\sin x + b\cos x = \sqrt{a^2+b^2}\sin(x+\alpha)$$

ただし，α は $\cos\alpha = \dfrac{a}{\sqrt{a^2+b^2}}$, $\sin\alpha = \dfrac{b}{\sqrt{a^2+b^2}}$ なる角である．

例題 7.19

次の三角関数を合成せよ．
(1) $\sin x - \sqrt{3}\cos x$ 　　(2) $\sin x + \cos x$
(3) $-\sqrt{3}\sin x + \cos x$

解

(1) $\sqrt{1^2+(-\sqrt{3})^2} = 2$ であるから

$$\sin x - \sqrt{3}\cos x = 2\left(\sin x \cdot \frac{1}{2} + \cos x \cdot \frac{-\sqrt{3}}{2}\right)$$ となるが，

$\cos(-60°) = \dfrac{1}{2}$, $\sin(-60°) = -\dfrac{\sqrt{3}}{2}$ であるから，
$\sin x - \sqrt{3}\cos x = 2\sin(x-60°)$ を得る．
加法定理のマイナスの方を用いて

$$\sin x - \sqrt{3}\cos x = 2\left(\sin x \cdot \frac{1}{2} - \cos x \cdot \frac{\sqrt{3}}{2}\right)$$

$$= 2(\sin x \cdot \cos 60° - \cos x \cdot \sin 60°) = 2\sin(x-60°)$$

としてもよい．

(2) $\sqrt{1^2+1^2} = \sqrt{2}$ であるから，$\sin x + \cos x = \sqrt{2}\left(\sin x \cdot \dfrac{1}{\sqrt{2}} + \cos x \cdot \dfrac{1}{\sqrt{2}}\right)$

となるが，$\cos 45° = \dfrac{1}{\sqrt{2}}$, $\sin 45° = \dfrac{1}{\sqrt{2}}$ であるから，
$\sin x + \cos x = \sqrt{2}\sin(x+45°)$ を得る．

(3) $\sqrt{(-\sqrt{3})^2 + 1^2}$ であるから

$$-\sqrt{3}\sin x + \cos x = 2\left\{\sin x \cdot \left(\frac{-\sqrt{3}}{2}\right) + \cos x \cdot \frac{1}{2}\right\}$$ であるが，

$\cos 150° = -\dfrac{\sqrt{3}}{2}$, $\sin 150° = \dfrac{1}{2}$ であるから，

$-\sqrt{3}\sin x + \cos x = 2\sin(x+150°)$ を得る.

例題 7.20

$0° \leqq x \leqq 180°$ のとき,次の方程式を解け.
(1) $\sqrt{3}\sin x + \cos x = 2$
(2) $\sin x - \cos x = \sqrt{2}$
(3) $-\sin x + \sqrt{3}\cos x = -2$

解

(1) $\sqrt{3}\sin x + \cos x = 2\left(\sin x \cdot \dfrac{\sqrt{3}}{2} + \cos x \cdot \dfrac{1}{2}\right)$
$= 2(\sin x \cdot \cos 30° + \cos x \cdot \sin 30°) = 2\sin(x+30°)$ であるから,
$2\sin(x+30°) = 2$ すなわち $\sin(x+30°) = 1$ を解けばよい.
$30° \leqq x+30° \leqq 210°$ に注意すると,$x+30° = 90°$ より $x = 60°$ である.

(2) $\sin x - \cos x = \sqrt{2}\left(\sin x \cdot \dfrac{1}{\sqrt{2}} - \cos x \cdot \dfrac{1}{\sqrt{2}}\right)$
$= \sqrt{2}(\sin x \cdot \cos 45° - \cos x \cdot \sin 45°) = \sqrt{2}\sin(x-45°)$ であるから,
$\sqrt{2}\sin(x-45°) = \sqrt{2}$ すなわち $\sin(x-45°) = 1$ を解けばよい.
$-45° \leqq x-45° \leqq 135°$ に注意すると,$x-45° = 90°$ より $x = 135°$ である.

(3) $-\sin x + \sqrt{3}\cos x = 2\left\{\sin x \cdot \left(-\dfrac{1}{2}\right) + \cos x \cdot \dfrac{\sqrt{3}}{2}\right\}$
$= 2\sin x \cdot \cos 120° + \cos x \cdot \sin 120° = 2\sin(x+120°)$ であるから,
$2\sin(x+120°) = -2$ すなわち $\sin(x+120°) = -1$ を解けばよい.
$120° \leqq x+120° \leqq 300°$ に注意すると,$x+120° = 270°$ より $x = 150°$ である.

練習問題 7.4A

1. 次の値を求めよ．
   (1)　$\sin 75°$　　　　(2)　$\cos 105°$　　　　(3)　$\tan 255°$

2. 次の値を求めよ．
   (1)　α が第 3 象限の角で $\sin\alpha = -\dfrac{2}{7}$ のとき，$\sin 2\alpha$
   (2)　$\sin\alpha = -\dfrac{2}{3}$ のとき，$\cos 2\alpha$
   (3)　$\cos\alpha = \dfrac{1}{4}$ のとき，$\cos 2\alpha$
   (4)　$\tan\alpha = -\dfrac{1}{5}$ のとき，$\tan 2\alpha$

3. $0° \leqq x \leqq 180°$ のとき，次の方程式を解け．
   (1)　$\sqrt{3}\sin x - \cos x = -1$　　　(2)　$\sin x + \cos x = 1$
   (3)　$\sin x + \sqrt{3}\cos x = 1$

練習問題 7.4B

1. 次の値を求めよ．
   (1)　$\sin 112.5°$　　　(2)　$\cos(-15°)$　　　(3)　$\tan 157.5°$

2. 次の値を求めよ．
   (1)　$\sin 195° + \sin 75°$　　　(2)　$\sin 165° - \sin 105°$
   (3)　$\cos 105° + \cos 15°$　　　(4)　$\cos 75° - \cos 15°$

3. 一般角のときに，加法定理を証明せよ．

4. 3 倍角の公式を証明せよ．

7.5 弧度法

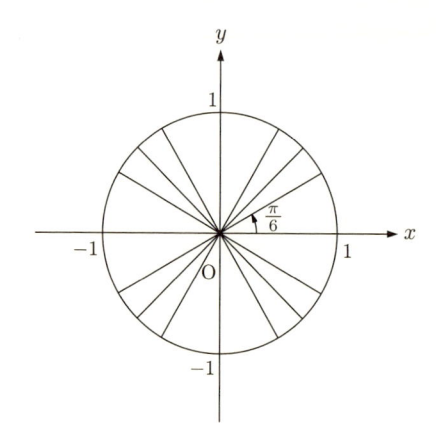

角の大きさを表すには度を用いる方法と単位円の弧の長さを用いる方法がある．前者を度数法，後者を弧度法という．ひとまわりは度数法では $360°$ であるが，弧度法では 2π ラジアンである．したがって，$180° = 360° \times \dfrac{1}{2} = \pi$ ラジアン，$90° = 180° \times \dfrac{1}{2} = \dfrac{\pi}{2}$ ラジアンとなる．また，1 ラジアンは $\left(\dfrac{180}{\pi}\right)°$ であるから $57°$ くらいである．弧度法は微分積分学に必要である．

例題 7.21

次の角を弧度法を用いて表せ．
(1) $0°, 30°, 45°, 60°, 90°, 120°, 135°, 150°, 180°$
(2) $210°, 225°, 240°, 270°, 300°, 315°, 330°, 360°$

解

(1) $90° = \dfrac{\pi}{2}$ ラジアンであるから，$45° = 90° \times \dfrac{1}{2} = \dfrac{\pi}{4}$ ラジアン，$135° = 90° + 45° = \dfrac{3}{4}\pi$ ラジアンである．再び $90° = \dfrac{\pi}{2}$ ラジアンを用いて，$30° = 90° \times \dfrac{1}{3} = \dfrac{\pi}{6}$ ラジアン，$60° = 30° \times 2 = \dfrac{\pi}{3}$ ラジアン，$120° = 60° \times 2 = \dfrac{2\pi}{3}$ ラジアン，$150 = 180° - 30° = \dfrac{5\pi}{6}$ ラジアンとなる．

度数法	0°	30°	45°	60°	90°	120°	135°	150°	180°
弧度法	0	$\dfrac{\pi}{6}$	$\dfrac{\pi}{4}$	$\dfrac{\pi}{3}$	$\dfrac{\pi}{2}$	$\dfrac{2\pi}{3}$	$\dfrac{3\pi}{4}$	$\dfrac{5\pi}{6}$	π

(2) 上の表に $180° = \pi$ ラジアンを加えればよい.

度数法	210°	225°	240°	270°	300°	315°	330°	360°
弧度法	$\frac{7\pi}{6}$	$\frac{5\pi}{4}$	$\frac{4\pi}{3}$	$\frac{3\pi}{2}$	$\frac{5\pi}{3}$	$\frac{7\pi}{4}$	$\frac{11\pi}{6}$	2π

例題 7.22

次の値を求めよ.
(1) $\sin\frac{\pi}{6}, \cos\frac{\pi}{6}, \tan\frac{\pi}{6}$
(2) $\sin\frac{3\pi}{4}, \cos\frac{3\pi}{4}, \tan\frac{3\pi}{4}$
(3) $\sin\frac{4\pi}{3}, \cos\frac{4\pi}{3}, \tan\frac{4\pi}{3}$
(4) $\sin\frac{5\pi}{3}, \cos\frac{5\pi}{3}, \tan\frac{5\pi}{3}$

解 角の単位がラジアンになっても本節の最初の図を覚えてしまえば簡単である.

(1) $\sin\frac{\pi}{6} = \frac{1}{2}, \cos\frac{\pi}{6} = \frac{\sqrt{3}}{2}, \tan\frac{\pi}{6} = \frac{1}{\sqrt{3}}$

(2) $\sin\frac{3\pi}{4} = \frac{\sqrt{2}}{2}, \cos\frac{3\pi}{4} = -\frac{\sqrt{2}}{2}, \tan\frac{3\pi}{4} = -1$

(3) $\sin\frac{4\pi}{3} = -\frac{\sqrt{3}}{2}, \cos\frac{4\pi}{3} = -\frac{1}{2}, \tan\frac{4\pi}{3} = \sqrt{3}$

(4) $\sin\frac{5\pi}{3} = -\frac{\sqrt{3}}{2}, \cos\frac{5\pi}{3} = \frac{1}{2}, \tan\frac{5\pi}{3} = -\sqrt{3}$

ここで $0 \leqq x \leqq 2\pi$ のとき,三角関数のグラフを描いてみる.三角関数のグラフは次のようになる.まず表を作る.タンジェントは $x = \frac{\pi}{2}, \frac{3\pi}{2}$ では定義されない.

x	0	$\frac{\pi}{6}$	$\frac{\pi}{4}$	$\frac{\pi}{3}$	$\frac{\pi}{2}$	$\frac{2\pi}{3}$	$\frac{3\pi}{4}$	$\frac{5\pi}{6}$	π
$y = \sin x$	0	$\frac{1}{2}$	$\frac{1}{\sqrt{2}}$	$\frac{\sqrt{3}}{2}$	1	$\frac{\sqrt{3}}{2}$	$\frac{1}{\sqrt{2}}$	$\frac{1}{2}$	0
$y = \cos x$	1	$\frac{\sqrt{3}}{2}$	$\frac{1}{\sqrt{2}}$	$\frac{1}{2}$	0	$-\frac{1}{2}$	$-\frac{1}{\sqrt{2}}$	$-\frac{\sqrt{3}}{2}$	-1
$y = \tan x$	0	$\frac{1}{\sqrt{3}}$	1	$\sqrt{3}$		$-\sqrt{3}$	-1	$-\frac{1}{\sqrt{3}}$	0

x	π	$\frac{7\pi}{6}$	$\frac{5\pi}{4}$	$\frac{4\pi}{3}$	$\frac{3\pi}{2}$	$\frac{5\pi}{3}$	$\frac{7\pi}{4}$	$\frac{11\pi}{6}$	2π
$y = \sin x$	0	$\frac{1}{2}$	$\frac{1}{\sqrt{2}}$	$\frac{\sqrt{3}}{2}$	1	$\frac{\sqrt{3}}{2}$	$\frac{1}{\sqrt{2}}$	$\frac{1}{2}$	0
$y = \cos x$	-1	$-\frac{\sqrt{3}}{2}$	$-\frac{1}{\sqrt{2}}$	$-\frac{1}{2}$	0	$\frac{1}{2}$	$\frac{1}{\sqrt{2}}$	$\frac{\sqrt{3}}{2}$	1
$y = \tan x$	0	$\frac{1}{\sqrt{3}}$	1	$\sqrt{3}$		$-\sqrt{3}$	-1	$-\frac{1}{\sqrt{3}}$	0

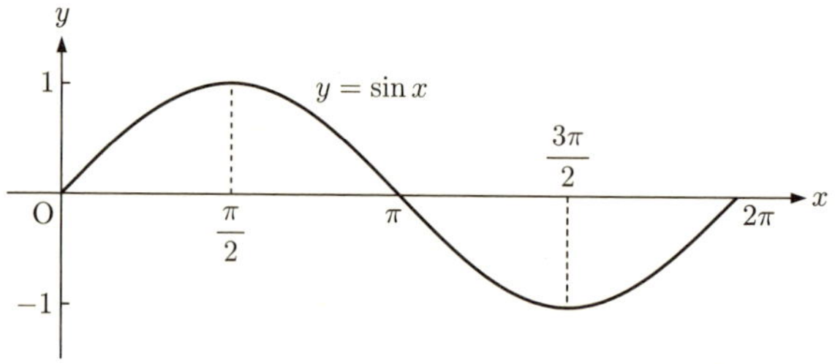

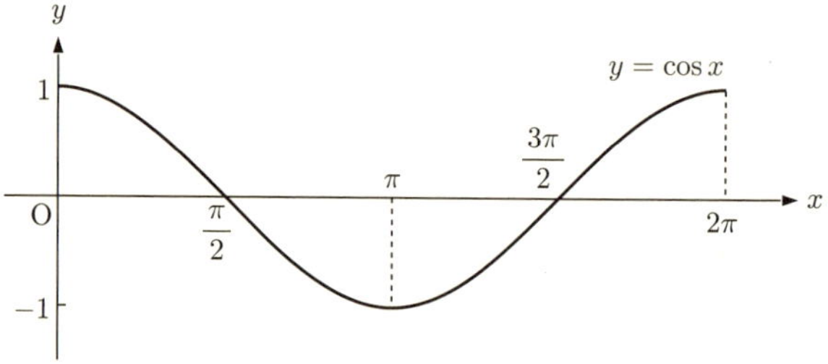

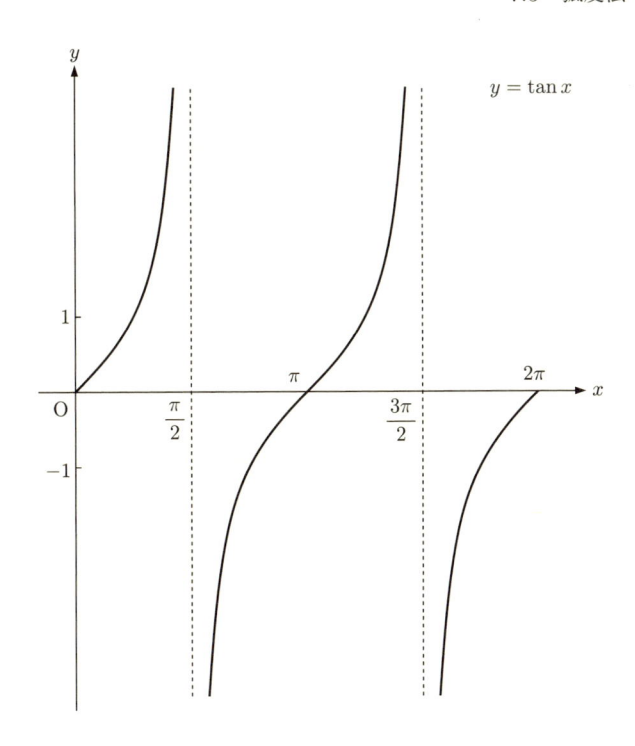

$0 \leqq x \leqq 2\pi$ のとき，$y = \sin x - \sqrt{3}\cos x$ のグラフは次のようになる．$y = \sin x - \sqrt{3}\cos x = 2\left(\sin x \cdot \dfrac{1}{2} - \cos x \cdot \dfrac{\sqrt{3}}{2}\right) = 2\sin\left(x - \dfrac{\pi}{3}\right)$ であるから $y = \sin x - \sqrt{3}\cos x$ のグラフは $y = 2\sin x$ のグラフを x 軸の正方向へ $\dfrac{\pi}{3}$ だけ平行移動して得られる．$-\dfrac{\pi}{3} \leqq x - \dfrac{\pi}{3} \leqq \dfrac{5\pi}{3}$ であるが，代入できる角度は限られているので，$x - \dfrac{\pi}{3}$ を与えて y を求める．x は $x - \dfrac{\pi}{3}$ に $\dfrac{\pi}{3}$ を加えれば求まる．

x	0	$\dfrac{\pi}{12}$	$\dfrac{\pi}{6}$	$\dfrac{\pi}{3}$	$\dfrac{\pi}{2}$	$\dfrac{7\pi}{12}$	$\dfrac{2\pi}{3}$	$\dfrac{5\pi}{6}$	π
$x-\dfrac{\pi}{3}$	$-\dfrac{\pi}{3}$	$-\dfrac{\pi}{4}$	$-\dfrac{\pi}{6}$	0	$\dfrac{\pi}{6}$	$\dfrac{\pi}{4}$	$\dfrac{\pi}{3}$	$\dfrac{\pi}{2}$	$\dfrac{2\pi}{3}$
$y=2\sin\left(x-\dfrac{\pi}{3}\right)$	$-\sqrt{3}$	$-\sqrt{2}$	-1	0	1	$\sqrt{2}$	$\sqrt{3}$	2	$\sqrt{3}$

x	π	$\dfrac{13\pi}{12}$	$\dfrac{7\pi}{6}$	$\dfrac{4\pi}{3}$	$\dfrac{3\pi}{2}$	$\dfrac{19\pi}{12}$	$\dfrac{5\pi}{3}$	$\dfrac{11\pi}{6}$	2π
$x-\dfrac{\pi}{3}$	$\dfrac{2\pi}{3}$	$\dfrac{3\pi}{4}$	$\dfrac{5\pi}{6}$	π	$\dfrac{7\pi}{6}$	$\dfrac{5\pi}{4}$	$\dfrac{4\pi}{3}$	$\dfrac{3\pi}{2}$	$\dfrac{5\pi}{3}$
$y=2\sin\left(x-\dfrac{\pi}{3}\right)$	$\sqrt{3}$	$\sqrt{2}$	1	0	-1	$-\sqrt{2}$	$-\sqrt{3}$	-2	$-\sqrt{3}$

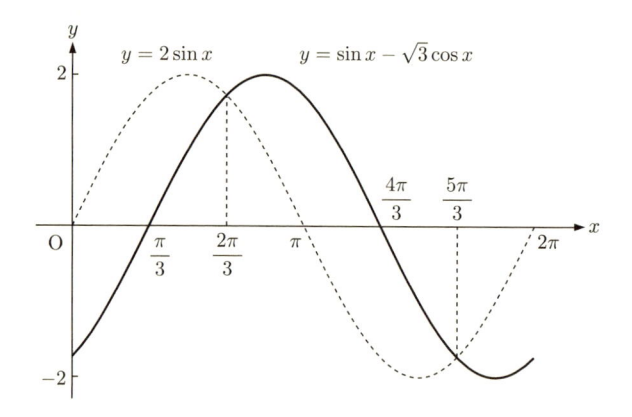

$y=2\sin x$ のグラフと $y=2\sin\left(x-\dfrac{\pi}{3}\right)$ のグラフの交点を求める．$2\sin x = 2\sin\left(x-\dfrac{\pi}{3}\right)$ より，$\sin x - \sin\left(x-\dfrac{\pi}{3}\right) = 0$ であるから，和・差を積になおす公式により $2\cos\left(x-\dfrac{\pi}{6}\right)\sin\dfrac{\pi}{6} = 0$ である．したがって，$\cos\left(x-\dfrac{\pi}{6}\right) = 0$ であるが，$-\dfrac{\pi}{6} \leq x-\dfrac{\pi}{6} \leq \dfrac{11\pi}{6}$ より $x-\dfrac{\pi}{6} = \dfrac{\pi}{2}, \dfrac{3\pi}{2}$ であるから，$x = \dfrac{2\pi}{3}, \dfrac{5\pi}{3}$ である．

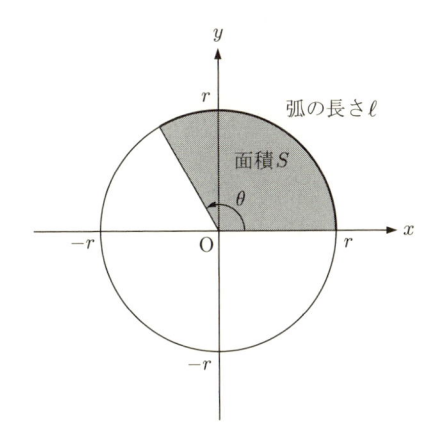

半径が r, 中心角が θ の扇形の弧の長さを ℓ とすると, $\ell = 2\pi r \times \dfrac{\theta}{2\pi} = r\theta$ である. また, 半径が r, 中心角が θ の扇形の面積を S とすると, $S = \pi r^2 \times \dfrac{\theta}{2\pi} = \dfrac{1}{2}r^2\theta$ である. このように, 弧度法を用いると扇形の弧の長さと面積は半径と中心角により簡潔に表すことができる.

扇形の弧の長さと面積
半径が r, 中心角が θ の扇形の弧の長さ ℓ と面積 S は
$$\ell = r\theta,\ S = \dfrac{1}{2}r^2\theta$$

例題 7.23
次の扇形の弧の長さと面積を求めよ.
(1) 半径が 2, 中心角が $\dfrac{\pi}{3}$
(2) 半径が 4, 中心角が $\dfrac{5\pi}{6}$

解
(1) 弧の長さは $2 \cdot \dfrac{\pi}{3} = \dfrac{2\pi}{3}$, 面積は $\dfrac{1}{2} \cdot 2^2 \cdot \dfrac{\pi}{3} = \dfrac{2\pi}{3}$
(2) 弧の長さは $4 \cdot \dfrac{5\pi}{6} = \dfrac{10\pi}{3}$, 面積は $\dfrac{1}{2} \cdot 4^2 \cdot \dfrac{5\pi}{6} = \dfrac{20\pi}{3}$

> **例題 7.24**
>
> 次の値を求めよ．
> (1) 半径が 3 で弧の長さが $\dfrac{3\pi}{5}$ の扇形の中心角
> (2) 中心角が $\dfrac{5\pi}{6}$ で弧の長さが $\dfrac{5\pi}{3}$ の扇形の半径
> (3) 半径が 6 で面積が 3π の扇形の中心角
> (4) 中心角が $\dfrac{7\pi}{8}$ で面積が 14π の扇形の半径

解 扇形の半径を r，中心角を θ，弧の長さを ℓ，面積を S とする．

(1) $\ell = r\theta$ より，$\dfrac{3\pi}{5} = 3\theta$ であるから，$\theta = \dfrac{\pi}{5}$ である．

(2) $\ell = r\theta$ より，$\dfrac{5\pi}{3} = r \cdot \dfrac{5\pi}{6}$ であるから，$r = 2$ である．

(3) $S = \dfrac{1}{2}r^2\theta$ より，$3\pi = \dfrac{1}{2} \cdot 6^2 \theta$ であるから，$\theta = \dfrac{\pi}{6}$ である．

(4) $S = \dfrac{1}{2}r^2\theta$ より，$14\pi = \dfrac{1}{2} \cdot r^2 \cdot \dfrac{7\pi}{8}$ であるから，$r = 4\sqrt{2}$ である．

練習問題 7.5A

1. 次の扇形の弧の長さと面積を求めよ．
  (1) 半径が 7，中心角が $\dfrac{3\pi}{7}$
  (2) 半径が 5，中心角が $\dfrac{6\pi}{5}$

2. 次の値を求めよ．
  (1) 半径が 4 で弧の長さが $\dfrac{3\pi}{4}$ の扇形の中心角
  (2) 中心角が $\dfrac{2\pi}{3}$ で弧の長さが 3π の扇形の半径
  (3) 半径が 7 で面積が 5π の扇形の中心角
  (4) 中心角が $\dfrac{3\pi}{2}$ で面積が 6π の扇形の半径

練習問題 7.5B

1. $0 \leqq x \leqq 2\pi$ のとき，次の方程式を解け．
  (1) $\sin x + \sqrt{3}\cos x = 2$
  (2) $-\sin x + \cos x = -\sqrt{2}$

(3) $\sin x - \sqrt{3}\cos x = -2$

2. $0 \leqq x \leqq 2\pi$ のとき, $y = \sqrt{3}\sin x + \cos x$ のグラフを描け.

8 複素数

8.1 複素数平面

複素数 $z = a + bi$ (a, b は実数) を xy 座標平面上の点 $\mathrm{P}(a, b)$ で表す．

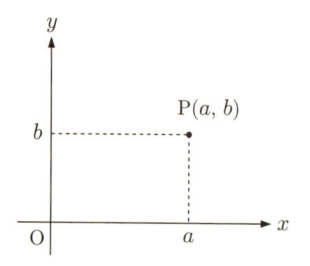

すべての複素数は座標平面上の点として表され，すべての点は 1 つの複素数とみなすことができる．このように，座標平面を複素数全体の集まりと見るとき，**複素数平面**という．

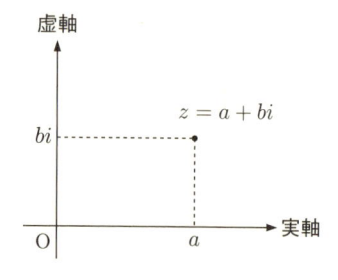

x 軸を**実軸**，y 軸を**虚軸**という．実軸上の各点は実数 a を表し，虚軸上の O 以外の点は純虚数 bi を表す．

$z = a + bi$ に対して,原点 O と z との距離を z の**絶対値**といい,$|z|$ と書く.
$$|z| = \sqrt{a^2 + b^2}$$
複素数 $a - bi$ を z の**共役複素数** といい,$\overline{z}$ と書く.
$$\overline{z} = a - bi$$
$\overline{\overline{z}} = z$, $z\overline{z} = a^2 + b^2 = |z|^2$ が成り立つ.

例題 8.1

次の等式の成立を示せ.
(1) $\overline{z_1 + z_2} = \overline{z_1} + \overline{z_2}$　　(2) $\overline{z_1 - z_2} = \overline{z_1} - \overline{z_2}$
(3) $\overline{z_1 z_2} = \overline{z_1}\, \overline{z_2}$　　(4) $\overline{\left(\dfrac{z_1}{z_2}\right)} = \dfrac{\overline{z_1}}{\overline{z_2}}$

解　　$z_1 = a_1 + b_1 i$, $z_2 = a_2 + b_2 i$ とおく.
(1) $\overline{z_1 + z_2} = \overline{(a_1 + a_2) + (b_1 + b_2)i} = (a_1 + a_2) - (b_1 + b_2)i$
$\qquad\qquad = (a_1 - b_1 i) + (a_2 - b_2 i) = \overline{z_1} + \overline{z_2}$

(2) (1) と同様

(3) $z_1 z_2 = (a_1 + b_1 i)(a_2 + b_2 i) = (a_1 a_2 - b_1 b_2) + (a_1 b_2 + a_2 b_1)i$
$\overline{z_1 z_2} = (a_1 a_2 - b_1 b_2) - (a_1 b_2 + a_2 b_1)i$
$\overline{z_1}\, \overline{z_2} = (a_1 - b_1 i)(a_2 - b_2 i) = (a_1 a_2 - b_1 b_2) + (-a_1 b_2 - a_2 b_1)i = \overline{z_1 z_2}$

(4) $\dfrac{z_1}{z_2} = \dfrac{a_1 a_2 + b_1 b_2}{a_2{}^2 + b_2{}^2} + \dfrac{a_2 b_1 - a_1 b_2}{a_2{}^2 + b_2{}^2} i$ だから

$\overline{\left(\dfrac{z_1}{z_2}\right)} = \dfrac{a_1 a_2 + b_1 b_2}{a_2{}^2 + b_2{}^2} - \dfrac{a_2 b_1 - a_1 b_2}{a_2{}^2 + b_2{}^2} i = \dfrac{a_1 a_2 + b_1 b_2}{a_2{}^2 + b_2{}^2} + \dfrac{a_1 b_2 - a_2 b_1}{a_2{}^2 + b_2{}^2} i$

$\dfrac{\overline{z_1}}{\overline{z_2}} = \dfrac{a_1 - b_1 i}{a_2 - b_2 i} = \dfrac{(a_1 - b_1 i)(a_2 + b_2 i)}{(a_2 - b_2 i)(a_2 + b_2 i)}$

$\qquad = \dfrac{(a_1 a_2 + b_1 b_2) + (a_1 b_2 - a_2 b_1)i}{a_2{}^2 + b_2{}^2} = \overline{\left(\dfrac{z_1}{z_2}\right)}$

例題 8.2

次のことを証明せよ．
(1) z が実数であるためには $\bar{z} = z$ であることが必要十分である．
(2) $z\ (\neq 0)$ が純虚数であるためには $\bar{z} = -z$ であることが必要十分である．

解

(1) $z = a + bi$ とおく．
$\bar{z} = z \iff \overline{a+bi} = a+bi \iff a - bi = a + bi \iff 2bi = 0$
$\iff b = 0 \iff z$ は実数である．

(2) $\bar{z} = -z \iff a - bi = -a - bi \iff a = -a \iff a = 0 \iff z$ は純虚数

8.2 極形式

複素数平面上で，O と $z = a + bi\ (\neq 0)$ との距離 r は $|z| = \sqrt{a^2 + b^2}$ である．実軸の正の部分と線分 Oz のなす角を θ とする．

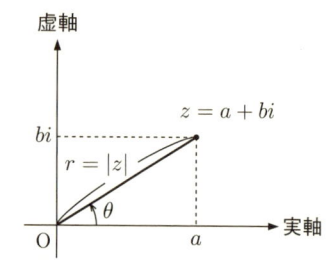

$a = r\cos\theta,\ b = r\sin\theta$ が成り立つので

$$z = r\cos\theta + ir\sin\theta = r(\cos\theta + i\sin\theta).$$

このような z の表し方を z の**極形式**という．

r は z の絶対値である．角 θ を z の**偏角**といい $\arg z$ と表す．絶対値と偏角が決まれば，そのような複素数はただ 1 つ定まる．しかし，1 つの複素数に対する偏角は $2\pi \times n\ (n = 0, \pm 1, \pm 2, \cdots)$ を加えても偏角と考えられる．一般には $-\pi < \theta \leqq \pi$ または $0 \leqq \theta < 2\pi$ の範囲で考えることが多い．

> **例題 8.3**
> $z = \sqrt{3} + i$ の絶対値, 偏角 $(0 \leqq \theta < 2\pi)$ を求め, 極形式を描け.

解 $\quad |z| = \sqrt{(\sqrt{3})^2 + 1^2} = \sqrt{4} = 2.$
$\cos\theta = \dfrac{\sqrt{3}}{2},\ \sin\theta = \dfrac{1}{2}$ であることより $\theta = \dfrac{\pi}{6}$.

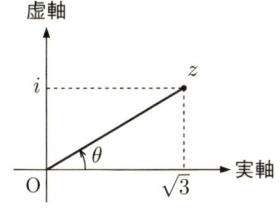

$$|z| = 2, \quad \arg z = \frac{\pi}{6}, \quad z = 2\left(\cos\frac{\pi}{6} + i\sin\frac{\pi}{6}\right)$$

[注] $z = 0$ の場合, 0 の絶対値は 0 であるが, 0 の偏角は考えない.

実数 θ に対して

$$e^{i\theta} = \cos\theta + i\sin\theta \quad \text{(オイラーの公式)}$$

と定める. このとき $z = r(\cos\theta + i\sin\theta) = re^{i\theta}$ と表される.

$z_1 = r_1(\cos\theta_1 + i\sin\theta_1),\ z_2 = r_2(\cos\theta_2 + i\sin\theta_2)$ とする.

$z_1 z_2 = r_1 r_2 (\cos\theta_1 + i\sin\theta_1)(\cos\theta_2 + i\sin\theta_2)$
$\qquad = r_1 r_2 \{(\cos\theta_1\cos\theta_2 - \sin\theta_1\sin\theta_2) + i(\sin\theta_1\cos\theta_2 + \cos\theta_1\sin\theta_2)\}$
$\qquad = r_1 r_2 \{\cos(\theta_1 + \theta_2) + i\sin(\theta_1 + \theta_2)\}$

したがって, $|z_1 z_2| = r_1 r_2 = |z_1||z_2|,\ \arg z(z_1 z_2) = \arg z_1 + \arg z_2$

$\qquad \dfrac{1}{z_1} = \dfrac{\overline{z_1}}{z_1 \overline{z_1}} = \dfrac{1}{|z_1|^2}\overline{z_1} = \dfrac{1}{r_1{}^2} r_1(\cos\theta_1 - i\sin\theta_1)$
$\qquad\quad = \dfrac{1}{r_1}(\cos\theta_1 - i\sin\theta_1) = \dfrac{1}{r_1}\{\cos(-\theta_1) + i\sin(-\theta_1)\}$

よって, $\left|\dfrac{1}{z_1}\right| = \dfrac{1}{r_1} = \dfrac{1}{|z_1|},\ \arg\left(\dfrac{1}{z_1}\right) = -\theta_1$.

このことより次が成り立つ.
$$\left|\frac{z_2}{z_1}\right| = |z_2|\left|\frac{1}{z_1}\right| = \frac{|z_2|}{|z_1|}$$
$$\arg\left(\frac{z_2}{z_1}\right) = \arg\left(z_2 \times \frac{1}{z_1}\right) = \arg z_2 + \arg\left(\frac{1}{z_1}\right) = \theta_2 + (-\theta_1) = \arg z_2 - \arg z_1$$
すなわち,
$$\left|\frac{z_2}{z_1}\right| = \frac{|z_2|}{|z_1|}, \quad \arg\left(\frac{z_2}{z_1}\right) = \arg z_2 - \arg z_1$$

$z = \cos\theta + i\sin\theta$ とする.
$$\arg(z^2) = \arg z + \arg z = 2\arg z = 2\theta$$
$$\arg(z^3) = \arg(z^2 \times z) = \arg(z^2) + \arg z = 3\arg z = 3\theta$$

これをくり返せば,任意の自然数 n に対して
$$\arg(z^n) = n\arg z = n\theta$$
となる.一方,
$$|z^n| = |z|^n = 1$$
であることから次が成り立つ.
$$z^n = \cos n\theta + i\sin n\theta \tag{8.1}$$
$$z^{-n} = \left(\frac{1}{z}\right)^n = \{\cos(-\theta) + i\sin(-\theta)\}^n$$
$$= \cos(-n\theta) + i\sin(-n\theta)$$

したがって,(8.1) は n が負の整数のときも成立する.$n = 0$ のときの成立も容易に確かめられるので次の**ド・モアブルの定理**が示された.

$$(\cos\theta + i\sin\theta)^n = \cos n\theta + i\sin n\theta \quad (n \text{ は整数})$$

練習問題 8A

1. $z_1 = 3 + 2i$, $z_2 = 1 - 4i$ のとき次を求めよ．
   (1) $z_1 + z_2$ (2) $\overline{z_1} - z_2$ (3) $z_1 \cdot \overline{z_2}$ (4) $\dfrac{z_2}{z_1}$

2. 次の複素数を極形式で表せ．
   (1) $-1 + i$ (2) $6i$ (3) 4 (4) -9 (5) $-2i$
   (6) $\cos\theta - i\sin\theta$ (7) $\sin\theta + i\cos\theta$

3. $z = 1 + \sqrt{3}i$ を原点のまわりに $45°$ 回転した複素数を求めよ．

4. $(1 + \sqrt{3}i)^{40}$ の値を求めよ．

5. 次の方程式を解け．
   (1) $z^4 = -1$ (2) $z^6 = 1$ (3) $z^3 = 1 + i$

練習問題 8B

1. 方程式 $x^3 - 6x^2 + ax - 10 = 0$ の 1 つの解が $2 + i$ であるとき，実数 a の値と他の解を求めよ．

2. $\left(\dfrac{\sqrt{3} - i}{1 + i}\right)^{10}$ の値を求めよ．

3. $z = -1 + \sqrt{3}i$ のとき $z^3 + \dfrac{1}{z^3}$ の値を求めよ．

4. 複素数 α, β が $|\alpha| = |\beta| = 1$, $\alpha\beta + 1 \neq 0$ を満たすとき，$\dfrac{\alpha + \beta}{1 + \alpha\beta}$ は実数であることを示せ．

5. 複素数 α, β, γ が表す複素数平面上の点を A,B,C とする．線分 AB と AC が垂直であるためには $\dfrac{\beta - \alpha}{\gamma - \alpha}$ が純虚数であることが必要十分であることを示せ．

9 ベクトル

9.1 平面上のベクトル

時間，温度，長さ，面積などのように1つの実数で表すことができる量を**スカラー**という．これに対して，力，速度，加速度などは大きさと向きをそれぞれ表す必要があり，1つの実数で表すことはできない．このような量を**ベクトル**という．ベクトルは大きさと向きによって定まる．

ベクトルは矢印のついた線分（**有向線分**）で表すことができる．

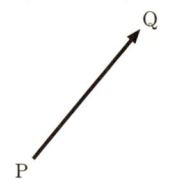

線分 PQ の長さでベクトルの大きさを表し，矢印の向きでベクトルの向きを表す．このときベクトルを

$$\overrightarrow{PQ}$$

で表し，点 P を**始点**，点 Q を**終点**という．ベクトルは $\vec{a}, \vec{b}$ などと表すこともある．

$$\vec{a} = \overrightarrow{PQ}$$

であるとき，$\vec{a}$ の大きさは線分 PQ の長さであり，それを

$$|\vec{a}| \text{ または } |\overrightarrow{PQ}|$$

によって表す．

大きさが等しく向きが同じである 2 つのベクトル $\vec{a}, \vec{b}$ は等しいベクトルであり

$$\vec{a} = \vec{b}$$

と書く．$\vec{a} = \overrightarrow{PQ}, \vec{b} = \overrightarrow{RS}$ であれば有向線分 PQ を平行移動して有向線分 RS に重ねることができるということである．

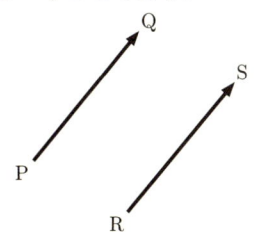

$\vec{a} = \overrightarrow{PQ}$ と大きさが等しく，向きが反対のベクトル $\overrightarrow{QP}$ を $\vec{a}$ の**逆ベクトル**といい

$$\overrightarrow{QP} = -\overrightarrow{PQ} = -\vec{a}$$

と書く．

大きさが 1 のベクトルを**単位ベクトル**という．

2 つのベクトル $\overrightarrow{AB}, \overrightarrow{BC}$ に対してその和を

$$\overrightarrow{AB} + \overrightarrow{BC} = \overrightarrow{AC}$$

と定める．

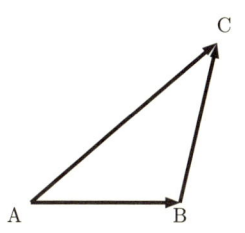

$\overrightarrow{AB} = \vec{a}, \overrightarrow{BC} = \vec{b}$ とし，3 点 A,B,C を含む平行四辺形 ABCD を考えれば $\overrightarrow{AD} + \overrightarrow{DC} = \overrightarrow{AC}$ であり，$\overrightarrow{AB} + \overrightarrow{AD} = \overrightarrow{AC}$ が成り立つ．

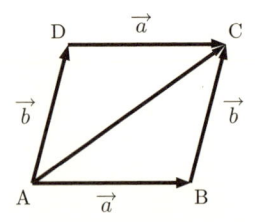

$\overrightarrow{BA} = -\vec{a}$ だから
$$\vec{a} + (-\vec{a}) = \overrightarrow{AB} + \overrightarrow{BA} = \overrightarrow{AA}$$
となる．これは始点と終点が一致したベクトルであり，大きさは 0 である．このベクトルを**零ベクトル**といい $\vec{0}$ で表す．
$$\vec{a} + (-\vec{a}) = \vec{0}$$
$\vec{0}$ については向きは考えない．

2 つのベクトル $\vec{a}, \vec{b}$ の差 $\vec{a} - \vec{b}$ を
$$\vec{a} - \vec{b} = \vec{a} + (-\vec{b})$$
によって定める．

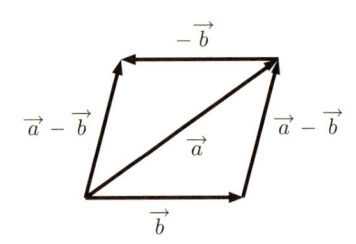

定数 m に対して $\vec{a}$ の m 倍である $m\vec{a}$ を次のように定める．ただし，$\vec{a} \neq \vec{0}$ とする．
(I)　$m > 0$ ならば $m\vec{a}$ は $\vec{a}$ と同じ向きで大きさが m 倍のベクトル．
(II)　$m < 0$ ならば $m\vec{a}$ は $\vec{a}$ と逆向きで大きさが $|m|$ 倍のベクトル．
(III)　$m = 0$ ならば $m\vec{a} = \vec{0}$．
なお，$\vec{a} = \vec{0}$ ならば $m\vec{a} = \vec{0}$ と定める．
以上のことより
$$1\vec{a} = \vec{a}, \quad (-1)\vec{a} = -\vec{a}$$
となることがわかる．

ベクトルの加法と実数倍について次のことが成り立つ.

(1) $\vec{a} + \vec{b} = \vec{b} + \vec{a}$
(2) $(\vec{a} + \vec{b}) + \vec{c} = \vec{a} + (\vec{b} + \vec{c})$
(3) $m(n\vec{a}) = (mn)\vec{a}$
(4) $(m + n)\vec{a} = m\vec{a} + n\vec{a}$
(5) $m(\vec{a} + \vec{b}) = m\vec{a} + m\vec{b}$

$\vec{0}$ でない 2 つのベクトル $\vec{a}, \vec{b}$ の有向線分が平行であるとき $\vec{a}$ と $\vec{b}$ は平行であるといい,

$$\vec{a} \parallel \vec{b}$$

と書く.

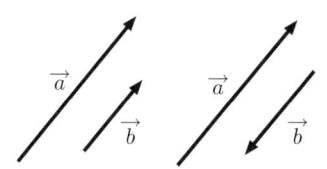

$\vec{a} \parallel \vec{b}$ となるのは, 一方が他方の実数倍になるときである.

$$\vec{a} \parallel \vec{b} \iff \vec{a} = m\vec{b} \text{ となる実数 } m(\neq 0) \text{ がある}.$$

---例題 9.1---

次を計算せよ.
$$4(\vec{a} + 2\vec{b}) - 3(2\vec{a} - 3\vec{b})$$

解 $4\vec{a} + 8\vec{b} - 6\vec{a} + 9\vec{b} = -2\vec{a} + 17\vec{b}$

---例題 9.2---

△ABC において線分 AB, AC の中点を D, E とすると DE の長さは BC の半分で, DE ∥ BC であることを示せ.

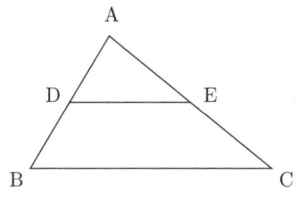

解 $\overrightarrow{AD} = \frac{1}{2}\overrightarrow{AB}, \overrightarrow{AE} = \frac{1}{2}\overrightarrow{AC}.$

$$\overrightarrow{DE} = \overrightarrow{AE} - \overrightarrow{AD} = \frac{1}{2}\overrightarrow{AC} - \frac{1}{2}\overrightarrow{AB} = \frac{1}{2}\left(\overrightarrow{AC} - \overrightarrow{AB}\right) = \frac{1}{2}\overrightarrow{BC}.$$

$\overrightarrow{DE} = \frac{1}{2}\overrightarrow{BC}$ であるので，DE の長さは BC の半分であり，両者は平行である． ∎

$\vec{0}$ と異なるベクトル $\vec{a}$ に対して $\frac{1}{|\vec{a}|}\vec{a}$ は $\vec{a}$ と同じ向きの単位ベクトルである．

$|\vec{b}| = 3$ なら $\vec{b}$ と同じ向きの単位ベクトルは $\frac{1}{3}\vec{b}$ であり，同じ向きの大きさ 6 のベクトルは $2\vec{b}$ である．

9.2 ベクトルの成分

座標平面の原点を O とする．与えられたベクトル $\vec{a}$ に対して

$$\vec{a} = \overrightarrow{OA}$$

となる点 A をとる．A の座標が (a_1, a_2) であるとき

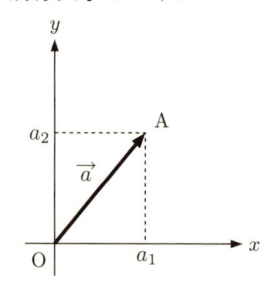

$$\vec{a} = (a_1, a_2)$$

と書き表す．これを $\vec{a}$ の**成分表示**という．

a_1, a_2 をそれぞれ $\vec{a}$ の ***x* 成分**，***y* 成分**という．$\vec{0} = (0, 0)$ である．

2 つのベクトル $\vec{a} = (a_1, a_2)$，$\vec{b} = (b_1, b_2)$ に対して

$$\vec{a} = \vec{b} \iff a_1 = b_1, \ a_2 = b_2$$

が成り立つ．ベクトルの大きさは次のように表される．

$$|\vec{a}| = \sqrt{a_1{}^2 + a_2{}^2}$$

$\vec{a}, \vec{b}$ を表す有向線分を下図のように書けば
$$\vec{a} + \vec{b} = (a_1 + b_1, a_2 + b_2)$$
となることがわかる．

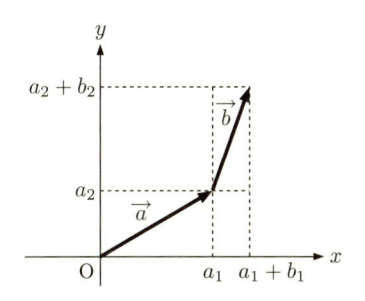

よって，成分による計算として
$$(a_1, a_2) + (b_1, b_2) = (a_1 + b_1, a_2 + b_2)$$
と表す．$\vec{a}$ と $\vec{b}$ の差は
$$\vec{a} - \vec{b} = \vec{a} + (-\vec{b}) = (a_1, a_2) + (-b_1, -b_2) = (a_1 - b_1, a_2 - b_2)$$
となる．

実数 l が正のとき右図より
$$l\vec{a} = l(a_1, a_2) = (la_1, la_2)$$
となる．これは $l < 0$ のときも成立する．

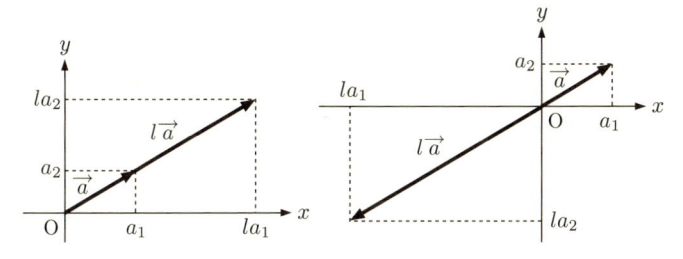

x 軸および y 軸の正の向きの単位ベクトルを**基本ベクトル**といい，それぞれ $\vec{e}_1, \vec{e}_2$ で表す．
$$\vec{e}_1 = (1, 0), \quad \vec{e}_2 = (0, 1)$$
任意のベクトル $\vec{a} = (a_1, a_2)$ について
$$\vec{a} = (a_1, a_2) = (a_1, 0) + (0, a_2) = a_1(1, 0) + a_2(0, 1)$$

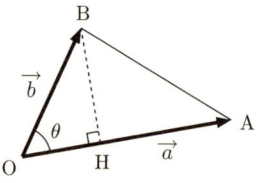

だから $\vec{a} = a_1\vec{e}_1 + a_2\vec{e}_2$ となり，常に $\vec{e}_1$ と $\vec{e}_2$ によって表すことができる．

例題 9.3

$\vec{a} = (1,-2)$, $\vec{b} = (3,-4)$, $\vec{c} = (2,3)$ とするとき，$5\vec{a} - 2\vec{b}, 4\vec{a} - 2\vec{b} + 2\vec{c}$ の成分表示を求めよ．また，それぞれの大きさを求めよ．

解 $5\vec{a} - 2\vec{b} = 5(1,-2) - 2(3,-4) = (5,-10) - (6,-8) = (5-6, -10+8)$
$= (-1,-2)$
大きさは $\sqrt{(-1)^2 + (-2)^2} = \sqrt{5}$.
$4\vec{a} - 2\vec{b} + 2\vec{c} = (4,-8) - (6,-8) + (4,6) = (2,6)$
大きさは $\sqrt{4+36} = \sqrt{40} = 2\sqrt{10}$.

9.3 ベクトルの内積

$\vec{0}$ と異なる2つのベクトル $\vec{a}, \vec{b}$ に対して，$\vec{a}$ と $\vec{b}$ のなす角 θ を $\angle AOB$ とする．ただし，$0 \leqq \theta \leqq \pi$ とする．

$$|\vec{a}||\vec{b}|\cos\theta$$

の値を $\vec{a}$ と $\vec{b}$ の**内積**といい，$\vec{a} \cdot \vec{b}$ で表す．

$\vec{a} = (a_1, a_2)$, $\vec{b} = (b_1, b_2)$ のとき，余弦定理により

$$AB^2 = OA^2 + OB^2 - 2OA \times OB\cos\theta$$

よって，

$$2OA \times OB\cos\theta = OA^2 + OB^2 - AB^2$$

左辺 $= 2\vec{a} \cdot \vec{b}$
右辺 $= (a_1{}^2 + a_2{}^2) + (b_1{}^2 + b_2{}^2) - \{(a_1-b_1)^2 + (a_2-b_2)^2\} = 2(a_1b_1 + a_2b_2)$

したがって，$\vec{a}\cdot\vec{b} = a_1b_1 + a_2b_2$ となる．

以上をまとめて，

$$\vec{a}\cdot\vec{b} = |\vec{a}||\vec{b}|\cos\theta = a_1b_1 + a_2b_2$$

内積について次のことが成り立つ．

(I) $\vec{a}\cdot\vec{b} = \vec{b}\cdot\vec{a}$

(II) $\vec{a}\cdot\vec{a} = |\vec{a}|^2$

(III) $(m\vec{a})\cdot\vec{b} = m(\vec{a}\cdot\vec{b}) = \vec{a}\cdot(m\vec{b})$ （m は実数）

(IV) $\vec{a}\cdot(\vec{b}+\vec{c}) = \vec{a}\cdot\vec{b} + \vec{a}\cdot\vec{c}$

(V) $(\vec{a}+\vec{b})\cdot\vec{c} = \vec{a}\cdot\vec{c} + \vec{b}\cdot\vec{c}$

― 例題 9.4 ―

次の等式の成立を示せ．
$$|\vec{a}+\vec{b}|^2 = |\vec{a}|^2 + 2\vec{a}\cdot\vec{b} + |\vec{b}|^2$$

証明
$$|\vec{a}+\vec{b}|^2 = (\vec{a}+\vec{b})\cdot(\vec{a}+\vec{b}) = \vec{a}\cdot(\vec{a}+\vec{b}) + \vec{b}\cdot(\vec{a}+\vec{b})$$
$$= \vec{a}\cdot\vec{a} + \vec{a}\cdot\vec{b} + \vec{b}\cdot\vec{a} + \vec{b}\cdot\vec{b}$$
$$= |\vec{a}|^2 + 2\vec{a}\cdot\vec{b} + |\vec{b}|^2$$

よって，等式が成立する．

内積の定義より
$$\cos\theta = \frac{\vec{a}\cdot\vec{b}}{|\vec{a}||\vec{b}|} = \frac{a_1b_1 + a_2b_2}{\sqrt{a_1{}^2 + a_2{}^2}\sqrt{b_1{}^2 + b_2{}^2}}$$

これを用いて $\vec{a}$ と $\vec{b}$ のなす角 θ を求めることができる．

― 例題 9.5 ―

2 つのベクトル $\vec{a} = (1,2)$, $\vec{b} = (-3,-1)$ のなす角を求めよ．

解 $\cos\theta = \dfrac{1\times(-3)+2\times(-1)}{\sqrt{1^2+2^2}\sqrt{(-3)^2+(-1)^2}} = \dfrac{-5}{\sqrt{5}\sqrt{10}} = -\dfrac{1}{\sqrt{2}}$

よって, $\theta = \dfrac{3\pi}{4}$. ∎

$\vec{0}$ と異なる2つのベクトル $\vec{a}, \vec{b}$ のなす角が $\dfrac{\pi}{2}$ のとき, $\vec{a}$ と $\vec{b}$ は**垂直**であるといい, $\vec{a} \perp \vec{b}$ で表す.

$\vec{a}$ と $\vec{b}$ のなす角を θ とすると, $\vec{a} \perp \vec{b}$ であることは $\cos\theta = 0$ であることと同値だから

$$\vec{a} \perp \vec{b} \iff \vec{a}\cdot\vec{b} = 0$$

$\vec{a} = (a_1, a_2), \vec{b} = (b_1, b_2)$ のときには次が成り立つ.

$$\vec{a} \perp \vec{b} \iff a_1 b_1 + a_2 b_2 = 0$$

例題 9.6

$\vec{a} = (1, \sqrt{3})$ に垂直な単位ベクトルを求めよ.

解 求めるベクトルを $\vec{v} = (x, y)$ とする. $|\vec{v}| = 1$ だから

$$\sqrt{x^2+y^2} = 1,\ x^2+y^2 = 1 \cdots\cdots ①$$

$\vec{a} \perp \vec{v}$ だから

$$\vec{a}\cdot\vec{v} = x + \sqrt{3}y = 0 \cdots\cdots ②$$

②より $x = -\sqrt{3}y$. これを①へ代入して $(-\sqrt{3}y)^2 + y^2 = 1,\ 4y^2 = 1,\ y = \pm\dfrac{1}{2}$.

$$y = \dfrac{1}{2} \text{のとき} \quad x = -\sqrt{3}y = -\dfrac{\sqrt{3}}{2}$$

$$y = -\dfrac{1}{2} \text{のとき} \quad x = -\sqrt{3}y = \dfrac{\sqrt{3}}{2}$$

したがって, $\vec{v} = \left(-\dfrac{\sqrt{3}}{2}, \dfrac{1}{2}\right), \left(\dfrac{\sqrt{3}}{2}, -\dfrac{1}{2}\right)$. ∎

9.4 位置ベクトル

O を原点とする座標平面上の点 P に対して, ベクトル $\overrightarrow{OP}$ を点 P の**位置ベクトル**という.

2 点 A,B の位置ベクトルをそれぞれ $\overrightarrow{OA} = \vec{a}$, $\overrightarrow{OB} = \vec{b}$ とするとき，$\overrightarrow{AB} = \overrightarrow{OB} - \overrightarrow{OA}$ だから
$$\overrightarrow{AB} = \vec{b} - \vec{a}$$
となる．よって，始点 A, 終点 B である有向線分で表されるベクトルは，B の位置ベクトルから A の位置ベクトルを引いた差で表される．

例題 9.7

線分 AB を $m:n$ に内分する点 P の位置ベクトルは
$$\overrightarrow{OP} = \frac{n\vec{a} + m\vec{b}}{m+n} \quad \text{(内分点の位置ベクトル)}$$
で表され，特に点 P が AB の中点のときは
$$\overrightarrow{OP} = \frac{\vec{a} + \vec{b}}{2} \quad \text{(中点の位置ベクトル)}$$
となることを示せ．

解 AP : PB $= m : n$ だから
$$AB \times \frac{m}{m+n} = AP$$
よって，$\overrightarrow{AP} = \frac{m}{m+n}\overrightarrow{AB}$

$$\overrightarrow{OP} = \overrightarrow{OA} + \overrightarrow{AP} = \vec{a} + \frac{m}{m+n}(\vec{b} - \vec{a})$$
$$= \vec{a} + \frac{m}{m+n}\vec{b} - \frac{m}{m+n}\vec{a}$$
$$= \frac{n\vec{a} + m\vec{b}}{m+n}$$

P が中点のとき $m = n = 1$ だから，$\overrightarrow{OP} = \dfrac{\vec{a} + \vec{b}}{2}$ となる．

Q が線分 AB を $m:n$ $(m \neq n)$ に外分するときは，例題 9.7 と同様に考えて，次のことが成り立つことがわかる．

$$\overrightarrow{OQ} = \frac{-n\vec{a} + m\vec{b}}{m-n}$$

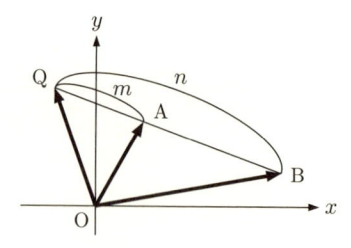

例題 9.8

△ABC の重心を G とすると次のことが成り立つ．

$$\overrightarrow{OG} = \frac{\overrightarrow{OA} + \overrightarrow{OB} + \overrightarrow{OC}}{3}$$

解　BC の中点を M とすると G は AG : GM = 2 : 1 を満たす．

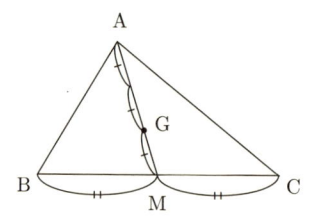

点 M の位置ベクトルは

$$\overrightarrow{OM} = \frac{\overrightarrow{OB} + \overrightarrow{OC}}{2}$$

点 G の位置ベクトルは

$$\overrightarrow{OG} = \frac{2\overrightarrow{OM} + \overrightarrow{OA}}{2+1} = \frac{2\frac{\overrightarrow{OB}+\overrightarrow{OC}}{2} + \overrightarrow{OA}}{3} = \frac{\overrightarrow{OA} + \overrightarrow{OB} + \overrightarrow{OC}}{3}$$

9.5　空間のベクトル

原点 O で互いに直交する 3 本の座標軸を x 軸，y 軸，z 軸とする．空間内の任意の点 P に対して右図のような直方体を考え，各座標軸上に定まる座標が

a, b, c のとき点 P の座標は (a, b, c) であるという．

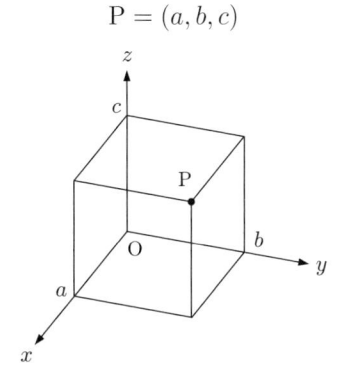

$$P = (a, b, c)$$

P が xy 平面（x 軸と y 軸によって定まる平面）の上にあるとき $c = 0$ となり，P $= (a, b, 0)$ となる．また，P が x 軸上にあるときは $b = c = 0$ となり P $= (a, 0, 0)$ となる．yz 平面，zx 平面，y 軸，z 軸の上にあるときも同様に表すことができる．

空間において，点 A を始点，点 B を終点とする有向線分で表されるベクトルを $\overrightarrow{AB}$ で表し，その大きさを $|\overrightarrow{AB}|$ で表す．

ベクトル $\overrightarrow{OP}$ を (a, b, c) で表す．

$$\overrightarrow{OP} = (a, b, c) \quad (\text{ベクトルの成分表示})$$

$\overrightarrow{OP}$ は点 P の位置ベクトルでもある．

3 辺の長さが a, b, c である直方体の対角線の長さは $\sqrt{a^2 + b^2 + c^2}$ であるので次が成り立つ．

$$|\overrightarrow{OP}| = \sqrt{a^2 + b^2 + c^2} \quad (\text{ただし，P} = (a, b, c))$$

この値は P と原点との距離である．

2 点 A,B の座標をそれぞれ $(a_1, a_2, a_3), (b_1, b_2, b_3)$ とし，$\overrightarrow{OA} = \vec{a}$, $\overrightarrow{OB} = \vec{b}$ と表す．$\vec{a} = (a_1, a_2, a_3)$, $\vec{b} = (b_1, b_2, b_3)$ である．平面の場合と同様に次の

ことが成り立つ.

$$\vec{a} + \vec{b} = (a_1 + b_1, a_2 + b_2, a_3 + b_3), \quad \vec{a} - \vec{b} = (a_1 - b_1, a_2 - b_2, a_3 - b_3)$$

$$l\vec{a} = (la_1, la_2, la_3) \quad (l \text{ は実数})$$

$$\overrightarrow{AB} = \vec{b} - \vec{a} = (b_1 - a_1, b_2 - a_2, b_3 - a_3)$$

$$|\overrightarrow{AB}| = \sqrt{(b_1 - a_1)^2 + (b_2 - a_2)^2 + (b_3 - a_3)^2}$$

$\vec{a}$ と $\vec{b}$ のなす角 θ を平面の場合と同様に定め,内積を

$$\vec{a} \cdot \vec{b} = |\vec{a}||\vec{b}|\cos\theta$$

によって定義する.平面のときと同様に,余弦定理より次のことが成り立つ.

$$\vec{a} \cdot \vec{b} = a_1 b_1 + a_2 b_2 + a_3 b_3,$$

$$\cos\theta = \frac{\vec{a} \cdot \vec{b}}{|\vec{a}||\vec{b}|} = \frac{a_1 b_1 + a_2 b_2 + a_3 b_3}{\sqrt{a_1^2 + a_2^2 + a_3^2}\sqrt{b_1^2 + b_2^2 + b_3^2}}$$

―― 例題 9.9 ――――――――――――――――――――――――

2 つのベクトル $\vec{a} = (3, -1, 2)$, $\vec{b} = (1, 2, 3)$ のなす角を求めよ.

解 $\vec{a} \cdot \vec{b} = 3 - 2 + 6 = 7.$
$|\vec{a}| = \sqrt{9 + 1 + 4} = \sqrt{14}, |\vec{b}| = \sqrt{1 + 4 + 9} = \sqrt{14}.$
なす角を θ とすると $\cos\theta = \dfrac{7}{\sqrt{14}\sqrt{14}} = \dfrac{1}{2}.$ よって,なす角は $\dfrac{\pi}{3}.$ ∎

練習問題 9A

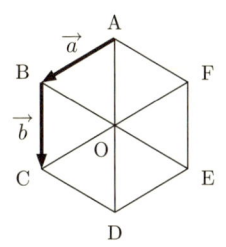

1. 正六角形 ABCDEF において，$\vec{AB} = \vec{a}$, $\vec{BC} = \vec{b}$ とするとき，次のベクトルを $\vec{a}, \vec{b}$ で表せ．
   (1) $\vec{CD}$ (2) $\vec{BE}$ (3) $\vec{DF}$ (4) $\vec{CE}$

2. $\vec{a} = (2, -3)$, $\vec{b} = (4, 1)$, $\vec{c} = (-2, 1)$ とするとき，次のベクトルの成分表示と大きさを求めよ．
   (1) $3\vec{a} - 2\vec{b} - 4\vec{c}$ (2) $5\vec{a} + 3\vec{b} + 10\vec{c}$

3. 次のベクトルと同じ向きの単位ベクトルを求めよ．
   (1) $(4, 3)$ (2) $(5, -2)$ (3) $(-1, 3)$

4. 次のベクトルに垂直な単位ベクトルを求めよ．
   (1) $(4, 3)$ (2) $(5, -2)$ (3) $(-1, 3)$

5. $\vec{a} = (2, -1)$, $\vec{b} = (1, 3)$, $\vec{c} = (4, 5)$ とする．$s\vec{a} + t\vec{b} = \vec{c}$ となる実数 s, t を求めよ．

6. 次の2つのベクトルのなす角を求めよ．
   (1) $\vec{a} = (6, 2)$, $\vec{b} = (-1, 3)$ (2) $\vec{a} = (1, -\sqrt{3})$, $\vec{b} = (-\sqrt{3}, 1)$
   (3) $\vec{a} = (2, 4)$, $\vec{b} = (1, -3)$

練習問題 9B

1. 次の2つのベクトルが平行になるような x の値を求めよ．
   (1) $(4, 1), (x, -2)$ (2) $(5, x), (3, -2)$

2. $\vec{a} = (\sqrt{3}, 7)$, $\vec{b} = (-\sqrt{3}, 1)$ について次の問いに答えよ．
   (1) t を実数とするとき $\vec{a} + t\vec{b}$ の大きさを t の関数として表せ．
   (2) $\vec{a} + t\vec{b}$ の大きさの最小値とそのときの t の値を求めよ．

3. ベクトル $\vec{a}, \vec{b}$ において, $|\vec{a}|=5, |\vec{b}|=\sqrt{5}$, $\vec{a}-4\vec{b}$ と $2\vec{a}-3\vec{b}$ が垂直のとき, $\vec{a}$ と $\vec{b}$ の内積の値を求めよ.

4. $\vec{a}, \vec{b}$ において $|\vec{a}|=4, |\vec{b}|=\sqrt{3}$, $\vec{a}$ と $\vec{b}$ のなす角が $\dfrac{\pi}{6}$ のとき次の値を求めよ.

   (1) $|\vec{a}+\vec{b}|$ 　　　　(2) $|2\vec{a}-\vec{b}|$

5. 平行四辺形 ABCD において辺 BC を $3:1$ に内分する点を E, 対角線 BD を $3:4$ に内分する点を F とする. 3 点 A, F, E は 1 直線上にあることを示せ.

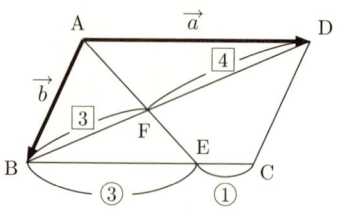

10 数列

10.1 数列

数の並びを**数列**という．数列を構成する一つひとつの数を**項**とよび，最初の項を**初項**（第 1 項），2 番目の項を第 2 項，$\cdots$，n 番目の項を第 n 項または**一般項**という．項の個数が有限である数列を**有限数列**という．この節では有限数列のみ扱う．有限数列では項の個数を項数，最後の項を末項という．数列を式で表すときは $a_1, a_2, a_3, \cdots, a_n$ あるいは $\{a_n\}$ と表す．初項から第 n 項までの和を S_n で表す．すなわち $S_n = a_1 + a_2 + \cdots + a_n$ である．有限数列においては，a_n と S_n を n の簡単な式で表すことが目標である．

一番簡単な数列は前項との差が一定の数列すなわち**等差数列**である．この一定の差を d とおき初項を a とすると一般項は $a_n = a + (n-1)d$ である．というのは植木算により間が $n-1$ 個だからである．特に $a = 1, d = 0$ のときはすべての自然数 n に対し $a_n = 1$ であるから，$1, 1, 1, \cdots, 1$ という数列である．また，$a = d = 1$ のときは $a_n = n$ であるから，$1, 2, 3, \cdots, n$ という数列である．

すべての自然数 n に対し $a_n = 1$ のときは，$S_n = 1 + 1 + 1 + \cdots + 1 = n$ である．$a_n = n$ のときは $S_n = 1 + 2 + 3 + \cdots + (n-2) + (n-1) + n$ である．$S_n = n + (n-1) + (n-2) + \cdots + 3 + 2 + 1$ と逆向きに加えて，対応する項を加えると $2S_n = (n+1) + (n+1) + (n+1) + \cdots + (n+1) + (n+1) + (n+1) = n(n+1)$ となるから，$S_n = \dfrac{n(n+1)}{2}$ が成り立つ．この考え方は一般の等差数列にも適用できる．すなわち初項が a，公差が d の等差数列の初項から第 n 項までの和

S_n を求めるには，初項と末項を加えて n 倍して 2 で割ればよい．式で書くと $S_n = \dfrac{n(a_1 + a_n)}{2} = \dfrac{n\{2a + (n-1)d\}}{2}$ となる．

等差数列の一般項と和

初項が a，公差が d の等差数列の一般項は $a_n = a + (n-1)d$

和は $S_n = \dfrac{n(a_1 + a_n)}{2} = \dfrac{n\{2a + (n-1)d\}}{2}$

例題 10.1

初項が 3，公差が 4 の等差数列 $\{a_n\}$ について，次の値を求めよ．

(1) a_{10} (2) S_{20}

(3) $a_n = 99$ となる n (4) $S_n = 105$ となる n

解

(1) $a_{10} = 3 + (10-1)\cdot 4 = 39$

(2) $S_{20} = \dfrac{20\{2\cdot 3 + (20-1)\cdot 4\}}{2} = 10\cdot(6 + 19\cdot 4) = 820$

(3) $a_n = 3 + (n-1)\cdot 4 = 4n - 1$ であるから $4n - 1 = 99$ を解いて $n = 25$

(4) $S_n = \dfrac{n\{2\cdot 3 + (n-1)\cdot 4\}}{2} = n(2n+1)$ であるから

$n(2n+1) = 105$ を解けばよい．

$2n^2 + n - 105 = 0$ より $(2n+15)(n-7) = 0$,

したがって，$n = 7, -\dfrac{15}{2}$ であるが n は自然数であるから $n = 7$

例題 10.2

初項が a 公差が 5 の等差数列 $\{a_n\}$ がある．次のときに a の値を求めよ．

(1) $a_8 = 37$ (2) $S_{13} = 429$

解

(1) $a_8 = a + (8-1)\cdot 5 = a + 35 = 37$ より $a = 2$

(2) $S_{13} = \dfrac{13\{2a + (13-1)\cdot 5\}}{2} = 13(a+30) = 429$ より

$a + 30 = 33$ であるから $a = 3$

例題 10.3

初項が 4, 公差が d の等差数列 $\{a_n\}$ がある. 次のときに d の値を求めよ.

(1) $a_{11} = 74$ (2) $S_{17} = 612$

解

(1) $a_{11} = 4 + (11-1)d = 10d + 4 = 74$ より $d = 7$

(2) $S_{17} = \dfrac{17\{2 \cdot 4 + (17-1)d\}}{2} = 17(8d + 4) = 612$ より
$8d + 4 = 36$ であるから $d = 4$

例題 10.4

次の等差数列 $\{a_n\}$ において, 初項 a と公差 d を求めよ.

(1) $a_8 = 46, a_{13} = 81$
(2) $S_9 = 99, S_{19} = 589$
(3) $a_6 = -36, S_{16} = -896$

解

(1) $a_n = a + (n-1)d$ であるから, $\begin{cases} 46 = a + 7d \\ 81 = a + 12d \end{cases}$ である.
第 2 式から第 1 式を引いて $5d = 35$ より $d = 7, a = -3$ である.

(2) $S_n = \dfrac{n\{2a + (n-1)d\}}{2}$ であるから $\begin{cases} 99 = \dfrac{9(2a + 8d)}{2} \\ 589 = \dfrac{19(2a + 18d)}{2} \end{cases}$ より

$\begin{cases} 11 = a + 4d \\ 31 = a + 9d \end{cases}$ である. 第 2 式から第 1 式を引いて $5d = 20$ より
$d = 4, a = -5$ である.

(3) $\begin{cases} -36 = a + 5d \\ -896 = \dfrac{16(2a + 15d)}{2} \end{cases}$ より $\begin{cases} -36 = a + 5d \\ -112 = 2a + 15d \end{cases}$ である.
第 2 式から第 1 式の 2 倍を引いて $-40 = 5d$ より $d = -8, a = 4$ である.

次に簡単な数列は, 前項との比が一定の数列すなわち**等比数列**である. この

一定の比を r とおき初項を a とすると一般項は $a_n = ar^{n-1}$ である．特に $r=1$ のときはすべての自然数 n に対し $a_n = a$ であるから，$a, a, a, \cdots, a$ という数列である．よって，$S_n = na$ である．$r \neq 1$ のときは $S_n = a + ar + ar^2 + \cdots + ar^{n-3} + ar^{n-2} + ar^{n-1}$ の両辺に r を掛けると $rS_n = ar + ar^2 + ar^3 + \cdots + ar^{n-2} + ar^{n-1} + ar^n$ となるので，辺々を引くことにより $(1-r)S_n = a(1-r^n)$ となる．よって，$S_n = \dfrac{a(1-r^n)}{1-r}$ である．

等比数列の一般項と和

初項が a，公比が r の等比数列の一般項は $a_n = ar^{n-1}$

和は $S_n = \begin{cases} \dfrac{a(1-r^n)}{1-r} & (r \neq 1) \\ na & (r = 1) \end{cases}$

例題 10.5

初項が 6，公比が 2 の等比数列 $\{a_n\}$ について，次の値を求めよ．

(1) a_4 (2) S_8

(3) $a_n = 768$ となる n (4) $S_n = 378$ となる n

解

(1) $a_4 = 6 \cdot 2^3 = 48$

(2) $S_8 = \dfrac{6(1-2^8)}{1-2} = 6 \cdot 255 = 1530$

(3) $a_n = 6 \cdot 2^{n-1} = 768$ であるから $2^{n-1} = 128 = 2^7$ を解いて $n = 8$

(4) $S_n = \dfrac{6(1-2^n)}{1-2} = 6(2^n - 1) = 378$ であるから
$2^n - 1 = 63$ を解けばよい．$2^n = 64 = 2^6$ より $n = 6$ である．

例題 10.6

初項が a，公比が 3 の等比数列 $\{a_n\}$ がある．次のときに a の値を求めよ．

(1) $a_7 = 729$ (2) $S_5 = 1089$

解

(1) $a_7 = a \cdot 3^6 = 729a$ であるから $729a = 729$ より $a = 1$

(2) $S_5 = \dfrac{a(1-3^5)}{1-3} = \dfrac{a(3^5-1)}{2} = 121a$ であるから
$121a = 1089$ より $a = 9$

例題 10.7

初項が 4, 公比が r $(r < 0)$ の等比数列 $\{a_n\}$ がある. 次のときに r の値を求めよ.

(1) $a_6 = -128$ (2) $S_3 = 28$

解

(1) $a_6 = 4r^5 = -128$ より $r^5 = -32$ であるから $r = -2$
(2) $S_3 = 4(1 + r + r^2) = 28$ より $r^2 + r - 6 = 0$ であるから $r = -3, 2$ であるが $r < 0$ より $r = -3$

例題 10.8

次の等比数列 $\{a_n\}$ において, 初項 a と公比 r $(r < 0)$ を求めよ.

(1) $a_3 = 48$, $a_6 = -3072$
(2) $S_5 = 44$, $S_{10} = -1364$
(3) $a_3 = 18$, $S_3 = 26$

解

(1) $a_n = ar^{n-1}$ であるから, $\begin{cases} 48 = ar^2 \\ -3072 = ar^5 \end{cases}$ である. 第 2 式を第 1 式で割って $r^3 = -64$ より $r = -4, a = 3$ である.

(2) $S_n = \dfrac{a(1-r^n)}{1-r}$ であるから $\begin{cases} 44 = \dfrac{a(1-r^5)}{1-r} \\ -1364 = \dfrac{a(1-r^{10})}{1-r} \end{cases}$ である. 第 2 式を第 1 式で割って $1 + r^5 = -31$ より $r = -2, a = 4$ である.

(3) $\begin{cases} 18 = ar^2 \\ 26 = a(1 + r + r^2) \end{cases}$ である. 第 1 式より $a = \dfrac{18}{r^2}$ となるので, 第 2 式に代入すると $26 = \dfrac{18(1+r+r^2)}{r^2}$ より $4r^2 - 9r - 9 = 0$ である. し

たがって，$(4r+3)(r-3) = 0$ より $r = -\dfrac{3}{4}, 3$ であるが $r < 0$ より $r = -\dfrac{3}{4}, a = 32$ となる．

$a_1 + a_2 + a_3 + \cdots + a_n$ を $\displaystyle\sum_{k=1}^{n} a_k$ と表すことが有効な場合もある．数列 $\{a_n\}, \{b_n\}$ と定数 c に対して，

$$\sum_{k=1}^{n}(a_k + b_k) = (a_1 + b_1) + (a_2 + b_2) + \cdots + (a_n + b_n)$$
$$= (a_1 + a_2 + \cdots + a_n) + (b_1 + b_2 + \cdots + b_n) = \sum_{k=1}^{n} a_k + \sum_{k=1}^{n} b_k$$

であるから，$\sum$ の計算においては 2 つの $\sum$ をまとめて考えてもよいし分けて考えてもよい．また，

$$\sum_{k=1}^{n} ca_k = ca_1 + ca_2 + \cdots + ca_n = c(a_1 + a_2 + \cdots + a_n) = c\sum_{k=1}^{n} a_k$$

であるから，スカラーは $\sum$ の中でもよいし外でもよい．

$\sum$ の性質

数列 $\{a_n\}, \{b_n\}$ と定数 c に対して，

$$\sum_{k=1}^{n}(a_k + b_k) = \sum_{k=1}^{n} a_k + \sum_{k=1}^{n} b_k$$

$$\sum_{k=1}^{n} ca_k = c\sum_{k=1}^{n} a_k$$

例題 10.9

(1) a が定数のとき $\displaystyle\sum_{k=1}^{n} a = na$ を確かめよ．

(2) $\displaystyle\sum_{k=1}^{n} k = 1 + 2 + 3 + \cdots + (n-2) + (n-1) + n = \dfrac{n(n+1)}{2}$ を用いることにより，初項が a，公差が d の等差数列の初項から第 n 項までの和 S_n を求めよ．

解

(1) a が定数のとき $\sum_{k=1}^{n} a = a + a + \cdots + a = na$

(2) $\{a_n\}$ が初項 a, 公差 d の等差数列であるとき

$a_n = a + (n-1)d$ であるから

$S_n = \sum_{k=1}^{n} a_k = \sum_{k=1}^{n} \{a + (k-1)d\} = \sum_{k=1}^{n} \{(a-d) + dk\}$ となる．ここで $\sum$ の性質を用いると $S_n = \sum_{k=1}^{n} (a-d) + d\sum_{k=1}^{n} k = n(a-d) + d \cdot \dfrac{n(n+1)}{2} = \dfrac{2n(a-d) + dn(n+1)}{2} = \dfrac{n\{2a + (n-1)d\}}{2}$

和の公式

$$\sum_{k=1}^{n} k = 1 + 2 + 3 + \cdots + (n-2) + (n-1) + n = \frac{n(n+1)}{2}$$

$$\sum_{k=1}^{n} k^2 = 1^2 + 2^2 + 3^2 + \cdots + (n-2)^2 + (n-1)^2 + n^2 = \frac{n(n+1)(2n+1)}{6}$$

$$\sum_{k=1}^{n} k^3 = 1^3 + 2^3 + 3^3 + \cdots + (n-2)^3 + (n-1)^3 + n^3 = \left(\frac{n(n+1)}{2}\right)^2$$

第 1 の公式はすでに証明してあるが，これらの公式は**数学的帰納法**を用いると簡単に証明できる．数学的帰納法とは次のようにして自然数 n に関する命題を証明する方法である．

まず $n = 1$ のとき成り立つことを確かめる．次に k を任意の自然数として，$n = k$ のとき成り立つことを用いて，$n = k+1$ のとき成り立つことを証明する．こうするとすべての自然数 n について証明されたことになる．

数学的帰納法による証明の例として第 1 の公式

$$1 + 2 + 3 + \cdots + (n-2) + (n-1) + n = \frac{n(n+1)}{2}$$

を証明してみる．

まず $n = 1$ のとき（左辺）$= 1$，（右辺）$= \dfrac{1 \cdot (1+1)}{2} = 1$ であるから成り

立つ．

次に k を任意の自然数として，$n = k$ のとき成り立つと仮定すると
$$1 + 2 + 3 + \cdots + (k-2) + (k-1) + k = \frac{k(k+1)}{2}$$
である．$n = k+1$ のとき，
$$(左辺) = \{1 + 2 + 3 + \cdots + (k-2) + (k-1) + k\} + (k+1)$$
$$= \frac{k(k+1)}{2} + (k+1) = \frac{(k+1)(k+2)}{2} = (右辺)$$
となって $n = k+1$ のときも成り立つ．よって，第1の公式は任意の自然数 n に対して成り立つ．

例題 10.10

$$\sum_{k=1}^{n} k^2 = 1^2 + 2^2 + 3^2 + \cdots + (n-2)^2 + (n-1)^2 + n^2 = \frac{n(n+1)(2n+1)}{6}$$
を次の方法で証明せよ．
(1) 数学的帰納法
(2) 恒等式 $(k+1)^3 - k^3 = 3k^2 + 3k + 1$ を用いる．

解

(1) まず $n = 1$ のとき $(左辺) = 1$，$(右辺) = \dfrac{1 \cdot (1+1)(2 \cdot 1 + 1)}{26} = 1$ であるから成り立つ．

次に k を任意の自然数として，$n = k$ のとき成り立つと仮定すると
$$1^2 + 2^2 + 3^2 + \cdots + (k-2)^2 + (k-1)^2 + k^2 = \frac{k(k+1)(2k+1)}{6}$$
である．$n = k+1$ のとき，
$$(左辺) = \{1^2 + 2^2 + 3^2 + \cdots + (k-2)^2 + (k-1)^2 + k^2\} + (k+1)^2$$
$$= \frac{k(k+1)(2k+1)}{6} + (k+1)^2$$

であるから，これを整理すると
$$(\text{左辺}) = \frac{(k+1)\{(2k^2+k)+(6k+6)\}}{6} = \frac{(k+1)(2k^2+7k+6)}{6}$$
$$= \frac{(k+1)(k+2)(2k+3)}{6} = (\text{右辺})$$
となり，$n=k+1$ のときも成り立つ．よって，与式は任意の自然数 n に対して成り立つ．

(2)
$$\sum_{k=1}^{n}\{(k+1)^3 - k^3\} = \sum_{k=1}^{n}(3k^2+3k+1)$$
である．ここで左辺は $\sum_{k=1}^{n}(k+1)^3 - \sum_{k=1}^{n}k^3$ となるから
$$\{2^3+3^3+\cdots+n^3+(n+1)^3\}-(1^3+2^3+\cdots+n^3) = (n+1)^3-1 = n^3+3n^2+3n$$
である．一方，右辺は
$$3\sum_{k=1}^{n}k^2 + 3\sum_{k=1}^{n}k + \sum_{k=1}^{n}1 = 3\sum_{k=1}^{n}k^2 + 3\cdot\frac{n(n+1)}{2} + n \text{ となるから}$$
$$n^3+3n^2+3n = 3\sum_{k=1}^{n}k^2 + 3\cdot\frac{n(n+1)}{2} + n$$
である．したがって，
$$3\sum_{k=1}^{n}k^2 = (n^3+3n^2+3n) - \frac{3n(n+1)}{2} - n$$
$$= \frac{2n^3+6n^2+6n-3n^2-3n-2n}{2} = \frac{2n^3+3n^2+n}{2}$$
$$= \frac{n(n+1)(2n+1)}{2}$$
となり，$\sum_{k=1}^{n}k^2 = \dfrac{n(n+1)(2n+1)}{6}$ が成り立つ．

練習問題 10.1A

1. 初項が 4，公差が 7 の等差数列 $\{a_n\}$ について，次の値を求めよ．

    (1) a_{19}

    (2) S_{25}

    (3) $a_n = 102$ となる n

    (4) $S_n = 90$ となる n

2. 初項が a，公差が 3 の等差数列 $\{a_n\}$ がある．次のときに a の値を求めよ．

    (1) $a_{14} = 43$

    (2) $S_7 = 84$

3. 初項が 8，公差が d の等差数列 $\{a_n\}$ がある．次のときに d の値を求めよ．

    (1) $a_8 = 57$

    (2) $S_{16} = 728$

4. 初項が 2，公比が 4 の等比数列 $\{a_n\}$ について，次の値を求めよ．

    (1) a_6

    (2) S_3

    (3) $a_n = 128$ となる n

    (4) $S_n = 682$ となる n

5. 初項が a，公比が -3 の等比数列 $\{a_n\}$ がある．次のときに a の値を求めよ．

    (1) $a_4 = -81$

    (2) $S_4 = 180$

6. 初項が 8，公比が r $(r > 0)$ の等比数列 $\{a_n\}$ がある．次のときに r の値を求めよ．

    (1) $a_3 = 32$

    (2) $S_3 = 168$

練習問題 10.1B

1. 次の等差数列 $\{a_n\}$ において，初項 a と公差 d を求めよ．
   (1) $a_6 = -10, a_{15} = -37$
   (2) $S_9 = 180, S_{14} = 490$
   (3) $a_{16} = 111, S_{16} = 936$

2. 次の等比数列 $\{a_n\}$ において，初項 a と公比 $r\ (r > 1)$ を求めよ．
   (1) $a_4 = 64, a_8 = 16384$
   (2) $S_3 = 26, S_6 = 728$
   (3) $a_2 = 10, S_3 = 62$

3. $$\sum_{k=1}^{n} k = 1 + 2 + 3 + \cdots + (n-2) + (n-1) + n = \frac{n(n+1)}{2}$$
   を次の方法で証明せよ．
   (1) 恒等式 $(k+1)^2 - k^2 = 2k + 1$ を用いる．
   (2) $\sum_{k=1}^{n} k$ を $\sum_{k=0}^{n} k$ と書きなおし，k を $n-k$ で置き換える．

4. $$\sum_{k=1}^{n} k^3 = 1^3 + 2^3 + 3^3 + \cdots + (n-2)^3 + (n-1)^3 + n^3 = \left(\frac{n(n+1)}{2}\right)^2$$
   を次の方法で証明せよ．
   (1) 数学的帰納法
   (2) 恒等式 $(k+1)^4 - k^4 = 4k^3 + 6k^2 + 4k + 1$ を用いる．
   (3) $\sum_{k=1}^{n} k^3$ を $\sum_{k=0}^{n} k^3$ と書きなおし，k を $n-k$ で置き換える．

10.2 数列の極限

項が限りなく続く数列を**無限数列**という．この節では無限数列のみを扱う．無限数列を式で表すときは $a_1, a_2, a_3, \cdots, a_n, \cdots$ あるいは $\{a_n\}$ と表す．無限数列においては，数列の行く末が問題になる．

n が限りなく大きくなるとき，a_n が一定の値 α に限りなく近づくならば，$\{a_n\}$ は α に**収束**するという．$\{a_n\}$ は収束しないとき**発散**するという．記号では $\lim_{n\to\infty} a_n = \alpha$ あるいは $a_n \to \alpha$ $(n \to \infty)$ と表す．n が限りなく大きくなるとき，a_n が限りなく大きくなるならば，$\{a_n\}$ は**正の無限大に発散**するという．記号では $\lim_{n\to\infty} a_n = \infty$ あるいは $a_n \to \infty$ $(n \to \infty)$ と表す．n が限りなく大きくなるとき，a_n が限りなく小さくなるならば，$\{a_n\}$ は**負の無限大に発散**するという．記号では $\lim_{n\to\infty} a_n = -\infty$ あるいは $a_n \to -\infty$ $(n \to \infty)$ と表す．

--- **例題 10.11** ---

次で定まる数列 $\{a_n\}$ の収束と発散を調べよ．

(1) $a_n = \dfrac{1}{n}$ 　　　　　(2) $a_n = \dfrac{1}{\sqrt{n}}$

(3) $a_n = n$ 　　　　　(4) $a_n = n^2$

(5) $a_n = \left(\dfrac{1}{2}\right)^{n-1}$ 　　　　　(6) $a_n = \left(-\dfrac{1}{2}\right)^{n-1}$

(7) $a_n = 2^{n-1}$

解

(1) $\{a_n\}$ は $1, \dfrac{1}{2}, \dfrac{1}{3}, \dfrac{1}{4}, \cdots, \dfrac{1}{n}, \cdots$ という数列であるから，$\lim_{n\to\infty} a_n = 0$

(2) $\{a_n\}$ は $1, \dfrac{1}{\sqrt{2}}, \dfrac{1}{\sqrt{3}}, \dfrac{1}{\sqrt{4}}, \cdots, \dfrac{1}{\sqrt{n}}, \cdots$ という数列であるから，$\lim_{n\to\infty} a_n = 0$

(3) $\{a_n\}$ は $1, 2, 3, 4, \cdots, n, \cdots$ という数列であるから，$\lim_{n\to\infty} a_n = \infty$

(4) $\{a_n\}$ は $1^2, 2^2, 3^2, 4^2, \cdots, n^2, \cdots$ という数列であるから，$\lim_{n\to\infty} a_n = \infty$

(5) $\{a_n\}$ は $1, \dfrac{1}{2}, \dfrac{1}{4}, \dfrac{1}{8}, \cdots, \left(\dfrac{1}{2}\right)^{n-1}, \cdots$ という数列であるから，$\lim_{n\to\infty} a_n = 0$

(6) $\{a_n\}$ は $1, -\dfrac{1}{2}, \dfrac{1}{4}, -\dfrac{1}{8}, \cdots, \left(-\dfrac{1}{2}\right)^{n-1}, \cdots$ という数列であるから，$\lim_{n\to\infty} a_n = 0$

(7) $\{a_n\}$ は $1, 2, 4, 8, \cdots, 2^{n-1}, \cdots$ という数列であるから，$\lim_{n\to\infty} a_n = \infty$

このように数列の収束と発散について次のことがわかる．

数列の収束と発散

1. k が正の定数のとき，$\displaystyle\lim_{n\to\infty}\frac{1}{n^k}=0$
2. k が正の定数のとき，$\displaystyle\lim_{n\to\infty}n^k=\infty$
3. r が $-1<r<1$ なる定数のとき，$\displaystyle\lim_{n\to\infty}r^n=0$
4. r が $r>1$ なる定数のとき，$\displaystyle\lim_{n\to\infty}r^n=\infty$

極限値の計算には次の性質が有用である．

極限値の計算

$\{a_n\}$ と $\{b_n\}$ が収束するとき，$\displaystyle\lim_{n\to\infty}a_n=\alpha$, $\displaystyle\lim_{n\to\infty}b_n=\beta$ とおく．

1. k が定数のとき $\displaystyle\lim_{n\to\infty}ka_n=k\alpha$
2. $\displaystyle\lim_{n\to\infty}a_n\pm b_n=\alpha\pm\beta$
3. $\displaystyle\lim_{n\to\infty}a_nb_n=\alpha\beta$
4. $\beta\neq 0$ のとき $\displaystyle\lim_{n\to\infty}\frac{a_n}{b_n}=\frac{\alpha}{\beta}$
5. $\{c_n\}$ について $a_n\leqq c_n\leqq b_n$ $(n=1,2,3,\cdots)$ で $\alpha=\beta$ ならば $\displaystyle\lim_{n\to\infty}c_n=\alpha$

例題 10.12

次で定まる数列 $\{a_n\}$ の収束と発散を調べよ．

(1) $a_n=\dfrac{n-1}{n^2-n-2}$

(2) $a_n=4^n-2^n$

(3) $a_n=\dfrac{2^n-4^n}{3^n+4^n}$

(4) $a_n=\sqrt{n+2}-\sqrt{n-2}$

(5) $a_n=\dfrac{\sin n}{n}$

解

(1) $a_n=\dfrac{n-1}{n^2-n-2}$ の分子分母を分母の最高次である n^2 で割ると

$a_n=\dfrac{\dfrac{1}{n}-\dfrac{1}{n^2}}{1-\dfrac{1}{n}-\dfrac{2}{n^2}}$ である．$n\to\infty$ のとき $\dfrac{1}{n}\to 0$, $\dfrac{1}{n^2}\to 0$ であるから $a_n\to 0$ となる．

(2) $a_n = 4^n - 2^n = 2^{2n} - 2^n = 2^n(2^n - 1)$ である．$n \to \infty$ のとき $2^n \to \infty$ であるから $a_n \to \infty$ となる．

(3) $a_n = \dfrac{2^n - 4^n}{3^n + 4^n}$ の分子分母を 4^n で割ると $a_n = \dfrac{\left(\dfrac{1}{2}\right)^n - 1}{\left(\dfrac{3}{4}\right)^n + 1}$ である．

$n \to \infty$ のとき $\left(\dfrac{1}{2}\right)^n \to 0$，$\left(\dfrac{3}{4}\right)^n \to 0$ であるから $a_n \to -1$ となる．

(4) $a_n = \sqrt{n+2} - \sqrt{n-2} = \dfrac{(\sqrt{n+2} - \sqrt{n-2})(\sqrt{n+2} + \sqrt{n-2})}{\sqrt{n+2} + \sqrt{n-2}}$

$= \dfrac{(n+2) - (n-2)}{\sqrt{n+2} + \sqrt{n-2}} = \dfrac{4}{\sqrt{n+2} + \sqrt{n-2}}$ である．$n \to \infty$ のとき $\sqrt{n+2} \to \infty$，$\sqrt{n-2} \to \infty$ であるから $a_n \to 0$ となる．

(5) $-1 \leqq \sin n \leqq 1$ より $-\dfrac{1}{n} \leqq a_n \leqq \dfrac{1}{n}$ であるが，$n \to \infty$ のとき $\dfrac{1}{n} \to 0$ であるから，$a_n \to 0$ である．

$\{a_n\}$ に対し $a_1 + a_2 + a_3 + \cdots + a_n + \cdots$ を**無限級数**という．無限級数は $\displaystyle\sum_{n=1}^{\infty} a_n$ と書いてもよい．$a_1 + a_2 + a_3 + \cdots + a_n$ を**第 n 項までの部分和**といい S_n で表す．$\{S_n\}$ が収束するとき，$\displaystyle\sum_{n=1}^{\infty} a_n$ は**収束**するという．このとき $\displaystyle\sum_{n=1}^{\infty} a_n$ の和を $\displaystyle\lim_{n \to \infty} S_n$ により定める．簡単のため $\displaystyle\sum_{n=1}^{\infty} a_n$ をもって和を表すこともある．$\{S_n\}$ が発散するとき，$\displaystyle\sum_{n=1}^{\infty} a_n$ は発散するという．

$\displaystyle\sum_{n=1}^{\infty} ar^{n-1} = a + ar + ar^2 + ar^3 + \cdots + ar^{n-1} + \cdots$ を初項が a，公比が r の無限等比級数という．ここでは $a \neq 0$ とする．$-1 < r < 1$ のときは $S_n = \dfrac{a(1 - r^n)}{1 - r}$ において $n \to \infty$ にすると $r^n \to 0$ であるから $S_n \to \dfrac{a}{1 - r}$ である．$r \geqq 1$ または $r \leqq -1$ のときは $\{r^n\}$ が発散するから $\{S_n\}$ も発散する．

無限等比級数の和

$a \neq 0$ のとき，無限等比級数 $\sum_{n=1}^{\infty} ar^{n-1} = a + ar + ar^2 + ar^3 + \cdots + ar^{n-1} + \cdots$ は

1. $|r| < 1$ のとき収束して，その和は $\dfrac{a}{1-r}$
2. $|r| \geqq 1$ のとき発散する．

例題 10.13

次の無限等比級数の収束と発散を調べよ．

(1) $\displaystyle\sum_{k=1}^{\infty} \left(\dfrac{1}{2}\right)^{k-1} = 1 + \dfrac{1}{2} + \left(\dfrac{1}{2}\right)^2 + \left(\dfrac{1}{2}\right)^3 + \cdots + \left(\dfrac{1}{2}\right)^{n-1} + \cdots$

(2) $\displaystyle\sum_{k=1}^{\infty} \left(\dfrac{1}{4}\right)^{k} = \dfrac{1}{4} + \left(\dfrac{1}{4}\right)^2 + \left(\dfrac{1}{4}\right)^3 + \left(\dfrac{1}{4}\right)^4 + \cdots + \left(\dfrac{1}{4}\right)^n + \cdots$

(3) $\displaystyle\sum_{k=1}^{\infty} 2^{k-1} = 1 + 2 + 2^2 + 2^3 + \cdots + 2^{n-1} + \cdots$

解

(1) 初項が $a = 1$，公比が $r = \dfrac{1}{2}$ である無限等比級数である．$|r| < 1$ であるから収束して和は $\dfrac{1}{1-\dfrac{1}{2}} = 2$ である．

```
●─────────────●──────●───●─●●●
0             1     1.5 1.75 2
```

(2) 初項が $a = \dfrac{1}{4}$，公比が $r = \dfrac{1}{4}$ である無限等比級数である．$|r| < 1$ であるから収束して和は $\dfrac{\dfrac{1}{4}}{1-\dfrac{1}{4}} = \dfrac{1}{3}$ である．

(3) 初項が $a = 1$，公比が $r = 2$ である無限等比級数である．$|r| > 1$ であるから発散する．

練習問題 10.2A

1. 次で定まる数列 $\{a_n\}$ の収束と発散を調べよ．

(1) $a_n = \dfrac{n^2 + n + 1}{n^3 - 2n^2 + 2n - 1}$

(2) $a_n = 5^n - 3^n$

(3) $a_n = \dfrac{4^n + 6^n}{5^n + 6^n}$

(4) $a_n = \sqrt{n+1} - \sqrt{n}$

(5) $a_n = \dfrac{\cos n}{n}$

2. 次の無限等比級数の和を求めよ．

(1) $\displaystyle\sum_{k=1}^{\infty} \left(\dfrac{2}{3}\right)^{k-1} = 1 + \dfrac{2}{3} + \left(\dfrac{2}{3}\right)^2 + \left(\dfrac{2}{3}\right)^3 + \cdots + \left(\dfrac{2}{3}\right)^{n-1} + \cdots$

(2) $\displaystyle\sum_{k=1}^{\infty} \left(\dfrac{3}{4}\right)^{k} = \dfrac{3}{4} + \left(\dfrac{3}{4}\right)^2 + \left(\dfrac{3}{4}\right)^3 + \left(\dfrac{3}{4}\right)^4 + \cdots + \left(\dfrac{3}{4}\right)^{n} + \cdots$

練習問題 10.2B

1. 次の循環小数を分数または整数で表せ．

(1) $0.333\cdots$

(2) $0.454545\cdots$

(3) $0.999\cdots$

2. 次の無限級数の和を求めよ．

(1) $\displaystyle\sum_{k=1}^{\infty} \dfrac{1}{k(k+1)} = \dfrac{1}{1\cdot 2} + \dfrac{1}{2\cdot 3} + \dfrac{1}{3\cdot 4} + \cdots$

(2) $\displaystyle\sum_{k=1}^{\infty} \dfrac{1}{k(k+1)(k+2)} = \dfrac{1}{1\cdot 2\cdot 3} + \dfrac{1}{2\cdot 3\cdot 4} + \dfrac{1}{3\cdot 4\cdot 5} + \cdots$

解答

練習問題 1.1A

1. (1) $2x^2 - 3x - 3$ (2) $x^2 + 21x - 19$

   (3) $-4x^2 + 15x - 1$

2. (1) $6a^2 - 8ab$ (2) $-3x^2 + 6xy - 15x$

   (3) $x^2 + 8x + 15$ (4) $3x^2 - 10x - 8$

   (5) $a^2 + 2ab + 6b - 9$

3. (1) $4x^2 - 4xy + y^2$ (2) $a^2 - 9b^2$

   (3) $x^3 - x^2y + \dfrac{xy^2}{3} - \dfrac{y^3}{27}$ (4) $a^4 - 1$

   (5) $x^2 + y^2 - 2xy + 4x - 4y + 4$

練習問題 1.1B

1. (1) $(a+b+c)^2 = \{(a+b)+c\}^2 = (a+b)^2 + 2(a+b)c + c^2$
$= a^2 + b^2 + c^2 + 2ab + 2bc + 2ca$

(2), (3), (4) も，左辺を展開して右辺になることを確かめればよい．

2. (1) $(x^2+x+1)(x^2-x+1) = \{(x^2+1)+x\}\{(x^2+1)-x\}$
$= (x^2+1)^2 - x^2 = x^4 + x^2 + 1$

   (2) $(x^2+\sqrt{2}x+1)(x^2-\sqrt{2}x+1) = \{(x^2+1)+\sqrt{2}x\}\{(x^2+1)-\sqrt{2}x\}$
$= (x^2+1)^2 - 2x^2 = x^4 + 1$

   (3) $(x^2+\sqrt{3}x+1)(x^2-\sqrt{3}x+1) = \{(x^2+1)+\sqrt{3}x\}\{(x^2+1)-\sqrt{3}x\}$
$= (x^2+1)^2 - 3x^2 = x^4 - x^2 + 1$

152 解答

3. $-(a+b+c)(b+c-a)(c+a-b)(a+b-c)$
$= \{a+(b+c)\}\{a-(b+c)\}\{a-(b-c)\}\{a+(b-c)\}$
$= \{a^2-(b+c)^2\}\{a^2-(b-c)^2\}$
$= a^4 - 2(b^2+c^2)a^2 + (b+c)^2(b-c)^2$
$= a^4 - 2(b^2+c^2)a^2 + (b^2-c^2)^2$
$= a^4 + b^4 + c^4 - 2a^2b^2 - 2b^2c^2 - 2c^2a^2$

練習問題 1.2A

1. (1) $(x-2)(x-4)$ (2) $(x+1)(x-6)$
 (3) $(x+2)(x+6)$ (4) $(3x+2)(x-3)$
 (5) $(2x-1)(2x+3)$ (6) $(x-3y)(x+4y)$

2. (1) $(x+4)^2$
 (2) $(x-3)(x+3)$
 (3) $x^3+6x^2+12x+8 = x^3+3x^2\cdot 2+3x\cdot 2^2+2^3 = (x+2)^3$
 (4) $8x^3+y^3 = (2x)^3+y^3 = (2x+y)\{(2x)^2-(2x)y+y^2\}$
  $= (2x+y)(4x^2-2xy+y^2)$

3. (1) 商 $3x^2-2x+4$ 余り $4x+3$
 (2) 商 x^2+4x+5 余り $2x+4$
  ($A = x^4+2x^3 \quad +4x+19$ と空けて書くことに注意)
 (3) 商 $2x^2-x+3$ 余り $3x-2$
 (4) 商 $3x^2+8x+10$ 余り 19
 (5) 商 x^2-2x+2 余り 3
 (6) 商 x^3-2x^2+3x-3 余り 0
  ($A = x^4 \quad -x^2+3x-6$ と空けて書くことに注意)

4. (1) $(x-1)(x-3)(x+2)$
 (2) $(x+1)(x+3)(x-2)$
 (3) $(x-2)(x-3)(x+4)$
 (4) $(x-1)(x-2)(x-3)(x-5)$

練習問題 1.2B

1. $x^2 - 1 = (x-1)(x+1)$

$x^3 - 1 = (x-1)(x^2 + x + 1)$

$x^4 - 1 = (x^2 - 1)(x^2 + 1) = (x-1)(x+1)(x^2+1)$

$x^6 - 1 = (x^3 - 1)(x^3 + 1) = (x-1)(x^2+x+1)(x+1)(x^2-x+1)$

$x^8 - 1 = (x^4 - 1)(x^4 + 1)$ で $x^4 - 1$ は上述のとおりであり，

$x^4 + 1 = (x^2+1)^2 - 2x^2 = (x^2 - \sqrt{2}x + 1)(x^2 + \sqrt{2}x + 1)$ である．

$x^{12} - 1 = (x^6 - 1)(x^6 + 1)$ で $x^6 - 1$ は上述のとおりであり，

$x^6 + 1 = (x^2+1)(x^4 - x^2 + 1) = (x^2+1)\{(x^2+1)^2 - 3x^2\}$
$= (x^2+1)(x^2 - \sqrt{3}x + 1)(x^2 + \sqrt{3}x + 1)$ である．

2. $a^4 + b^4 + c^4 - 2a^2b^2 - 2b^2c^2 - 2c^2a^2$
$= a^4 - 2(b^2+c^2)a^2 + (b^2 - c^2)^2$
$= a^4 - 2(b^2+c^2)a^2 + (b-c)^2(b+c)^2$
$= \{a^2 - (b-c)^2\}\{a^2 - (b+c)^2\}$
$= (a+b-c)(a-b+c)(a+b+c)(a-b-c)$
$= -(a+b+c)(b+c-a)(c+a-b)(a+b-c)$

3. (1) $(x^2 - 2)(x^2 - 5)$

(2) $x^4 - 5x^3 + 6x^2 + x - 1 = (x^2 + ax + 1)(x^2 + bx - 1)$
とおいて右辺を展開すると
$x^4 - 5x^3 + 6x^2 + x - 1 = x^4 + (a+b)x^3 + abx^2 + (b-a)x - 1$
となる．両辺の係数を比較すると

$$\begin{cases} a+b = -5 \\ ab = 6 \\ -a+b = 1 \end{cases}$$

であるから $a = -3, b = -2$ を得る．ゆえに
$x^4 - 5x^3 + 6x^2 + x - 1 = (x^2 - 3x + 1)(x^2 - 2x - 1)$ である．

(3) $x^4 + x^3 + x^2 + x + 1 = (x^2 + ax + 1)(x^2 + bx + 1)$
とおいて右辺を展開すると
$x^4 + x^3 + x^2 + x + 1 = x^4 + (a+b)x^3 + (ab+2)x^2 + (a+b)x + 1$ で

ある．両辺の係数を比較すると a,b は連立方程式 $\begin{cases} a+b=1 \\ ab=-1 \end{cases}$
の解であるから，2 次方程式 $t^2-t-1=0$ の解となり，a,b は $\dfrac{1\pm\sqrt{5}}{2}$ とわかる．ゆえに
$$x^4+x^3+x^2+x+1 = (x^2+\dfrac{1+\sqrt{5}}{2}x+1)(x^2+\dfrac{1-\sqrt{5}}{2}x+1)$$
である．

4. $f(x)$ を $x-a$ で割った商を $q(x)$，余りを r とすると
$f(x)=(x-a)q(x)+r$ である．両辺に a を代入すると $f(a)=r$ であるが，仮定より $r=0$ がわかる．

したがって，$f(x)=(x-a)q(x)$ となり $f(x)$ は $x-a$ で割り切れる．

5. $x^n+a_1x^{n-1}+a_2x^{n-2}+\cdots+a_{n-2}x^2+a_{n-1}x+a_n$ を $x-a$ で割るものとする．普通の割り算と組立除法を比較すればよい．

普通の割り算（最初）

$$\begin{array}{r|rrrrr}
 & 1 & a_1+a & a_2+a_1a+a^2 & a_3+a_2a+a_1a^2+a^3 & \cdots \\
\hline
1-a \,)\!\!\! & 1 & a_1 & a_2 & a_3 & \cdots \\
 & 1 & -a & & & \\
\hline
 & & a_1+a & a_2 & & \\
 & & a_1+a & -(a_1a+a^2) & & \\
\hline
 & & & a_2+a_1a+a^2 & a_3 & \cdots \\
 & & & a_2+a_1a+a^2 & -(a_2a+a_1a^2+a^3) & \cdots \\
\hline
 & & & & a_3+a_2a+a_1a^2+a^3 & \cdots \\
 & & & & a_3+a_2a+a_1a^2+a^3 & \\
\hline
 & & & & & \cdots
\end{array}$$

普通の割り算（最後）

$$
\begin{array}{r}
\cdots\quad a_{n-1}+a_{n-2}a+\cdots+a_1 a^{n-2}+a^{n-1}\\
1-a \overline{\smash{)}\cdots a_{n-1} a_n}\\
\ddots\\
\cdots\quad -(a_{n-2}a+a_{n-3}a^2+\cdots+a_1 a^{n-2}+a^{n-1})\\
\overline{a_{n-1}+a_{n-2}a+\cdots+a_1 a^{n-2}+a^{n-1} a_n}\\
a_{n-1}+a_{n-2}a+\cdots+a_1 a^{n-2}+a^{n-1}\quad -(a_{n-1}a+a_{n-2}a^2+\cdots+a_1 a^{n-1}+a^n)\\
\overline{ a_n+a_{n-1}a+\cdots+a_1 a^{n-1}+a^n}
\end{array}
$$

組立除法（最初）

$$
\begin{array}{cccccc|c}
1 & a_1 & a_2 & a_3 & \cdots & & a \\
& a & a_1 a+a^2 & a_2 a+a_1 a^2+a^3 & \cdots & & \\
\hline
1 & a_1+a & a_2+a_1 a+a^2 & a_3+a_2 a+a_1 a^2+a^3 & \cdots & &
\end{array}
$$

組立除法（最後）

$$
\begin{array}{cc|c}
\cdots \quad a_{n-1} & a_n & a \\
\cdots \quad a_{n-2}a+a_{n-3}a^2+\cdots+a_1 a^{n-2}+a^{n-1} & a_{n-1}a+a_{n-2}a^2+\cdots+a_1 a^{n-1}+a^n & \\
\hline
\cdots \quad a_{n-1}+a_{n-2}a+\cdots+a_1 a^{n-2}+a^{n-1} & a_n+a_{n-1}a+\cdots+a_1 a^{n-1}+a^n &
\end{array}
$$

6. たとえば，51 を 13 で割るときに，商が 4 であると見当をつけて計算してみると大きすぎてだめだから，商は 3 で余りは 12 である．このように数の割り算は意外と面倒である．

練習問題 1.3A

1. (1) $\dfrac{y^3}{x^8}$ \qquad (2) $\dfrac{a}{2}$

(3) $a^9 b^6$ \qquad (4) $\dfrac{3}{a}$

(5) $\dfrac{x+6}{x-6}$ \qquad (6) $\dfrac{x+1}{2x+1}$

(7) $\dfrac{13x-18}{(3x-4)(2x-3)}$ \qquad (8) $\dfrac{-x^2+12x-16}{(x-2)(x+2)(x+3)}$

(9) $\dfrac{x+2}{x-2}$ \qquad (10) $\dfrac{x-2}{x+4}$

2. (1) $x+2+\dfrac{2x-1}{x^2-x+1}$ \qquad (2) $2x^2-x+1+\dfrac{3}{x^2+1}$

3. (1) $\dfrac{1}{x-3} - \dfrac{1}{x-2}$ (2) $-\dfrac{1}{x+2} + \dfrac{1}{x+1}$

(3) $\dfrac{1}{x-1} + \dfrac{1}{x-2}$ (4) $\dfrac{-\dfrac{1}{8}}{x-1} + \dfrac{\dfrac{17}{8}}{x+7}$

(5) $\dfrac{2}{x} - \dfrac{1}{x+1}$ (6) $\dfrac{\dfrac{1}{2}}{x+1} - \dfrac{1}{x+2} + \dfrac{\dfrac{1}{2}}{x+3}$

(7) $-\dfrac{1}{x} + \dfrac{\dfrac{1}{2}}{x+1} + \dfrac{\dfrac{1}{2}}{x-1}$ (8) $-\dfrac{1}{x+1} + \dfrac{1}{x+2} + \dfrac{2}{(x+2)^2}$

(9) $-\dfrac{3}{x-1} - \dfrac{2}{(x-1)^2} + \dfrac{3}{x-2}$ (10) $\dfrac{1}{2x+3} + \dfrac{1}{x+1} - \dfrac{1}{(x+1)^2}$

練習問題 1.3B

1. $x + 1 + \dfrac{-\dfrac{15}{4}}{x+1} + \dfrac{-\dfrac{1}{2}}{(x+1)^2} + \dfrac{\dfrac{3}{4}x - \dfrac{1}{4}}{x^2+1} + \dfrac{\dfrac{1}{2}x + \dfrac{1}{2}}{(x+1)^2}$

2. (1) $f_1(f_2(x)) = \dfrac{1}{2x^2+1}$, $f_2(f_1(x)) = \dfrac{1}{(2x+1)^2}$

(2) $f_1(f_2(x)) = x^2 + x + 3$, $f_2(f_1(x)) = x^2 - x + 4$

(3) $f_1(f_2(x)) = \dfrac{1}{x^2-4x+3}$, $f_2(f_1(x)) = \dfrac{-2x^2+3}{x^2-1}$

3. 簡単のため $f_1(x), \cdots, f_6(x)$ を $f_1, \cdots, f_6$ と表し，左の縦に f_i，右の横に f_j をおく．

	f_1	f_2	f_3	f_4	f_5	f_6
f_1	f_1	f_2	f_3	f_4	f_5	f_6
f_2	f_2	f_3	f_1	f_5	f_6	f_4
f_3	f_3	f_1	f_2	f_6	f_4	f_5
f_4	f_4	f_6	f_5	f_1	f_3	f_2
f_5	f_5	f_4	f_6	f_2	f_1	f_3
f_6	f_6	f_5	f_4	f_3	f_2	f_1

練習問題 1.4A

1. (1) $x=-1$ のとき $-2+\sqrt{2}+\sqrt{5}$, $x=-2$ のとき $\sqrt{5}-\sqrt{2}$, $x=-3$ のとき $6-\sqrt{2}-\sqrt{5}$

(2) $x=1$ のとき $-\pi$, $x=3$ のとき $6-2\pi$, $x=5$ のとき π

2. (1) $\pm\sqrt{5}$ (2) $x=-2,-6$
(3) $-\sqrt{7} \leqq x \leqq \sqrt{7}$ (4) $1-\sqrt{2} \leqq x \leqq 1+\sqrt{2}$

3. (1) $6,8,12$ (2) $-9,-14,-15$

4. (1) $x=\pm 2\sqrt{2}$ (2) $x=-4\pm\sqrt{7}$
(3) $x=2\pm\sqrt{13}$

5. (1) $3\sqrt{5}, 5\sqrt{3}, 4\sqrt{6}$ (2) $-\sqrt{6}$
(3) $\sqrt{5}$ (4) $60\sqrt{3}$

6. (1) $\dfrac{3\sqrt{5}}{5}, \dfrac{2\sqrt{7}}{35}, \dfrac{2+3\sqrt{2}}{6}$ (2) $2(\sqrt{3}-\sqrt{2})$
(3) $2+\sqrt{3}$ (4) $7-4\sqrt{3}$

7. (1) $\sqrt{7}+\sqrt{2}$ (2) $\sqrt{3}+\sqrt{2}$
(3) $4-\sqrt{6}$ (4) $\dfrac{\sqrt{14}+\sqrt{10}}{2}$

練習問題 1.4B

1. $f(x)=|x+2|+|x-2|=\begin{cases}(-x-2)+(-x+2)=-2x & (x<-2)\\(x+2)+(-x+2)=4 & (-2\leqq x<2)\\(x+2)+(x-2)=2x & (x\geqq 2)\end{cases}$

より最小値は 4 である（$-2 \leqq x \leqq 2$ のとき実現される）.

2. $x=-2+\sqrt{3}$ が $x^2+4x+1=0$ の解であることを利用する.
$f(x)=x^3+5x+2x-3=(x^2+4x+1)(x+1)-3x-4$ であるから, $f(-2+\sqrt{3})=-3(-2+\sqrt{3})-4=2-3\sqrt{3}$

3. (1) m が整数のとき, $(3m)^2=9m^2, (3m\pm 1)^2=9m^2\pm 6m+1$ であるから, 2 乗して 3 の倍数になる整数は 3 の倍数である.

(2) $\sqrt{2}$ のときのまねをすればよい.

4. $11^2=121, 12^2=144, 13^2=169, 14^2=196, 15^2=225, 16^2=256, 17^2=289, 18^2=324, 19^2=361$

5. $\sqrt{2} = 1.41421356$　ひとよひとよにひとみごろ

$\sqrt{3} = 1.7320508$　ひとなみにおごれや

$\sqrt{5} = 2.2360679$　ふじさんろくおうむなく

$\sqrt{6} = 2.44949$　によよくよく

$\sqrt{7} = 2.64575$　なにむしいない

$\sqrt{8} = 2.828$　にやにや

$\sqrt{10} = 3.1622$　みいろにならぶ

6. 横を1縦をxとすると, 横縦比は$1:x$である. 半分に折ると, 横が$\dfrac{x}{2}$, 縦が1になるから, $1:x = \dfrac{x}{2}:1$である. ゆえに$\dfrac{x^2}{2}=1$, したがって, $x=\sqrt{2}$となり横縦比は$1:\sqrt{2}$である. ここで $\dfrac{297}{210} = \dfrac{99}{70} = 1.414285714\cdots$ であるから, 小数第4位まで$\sqrt{2}$と一致している.

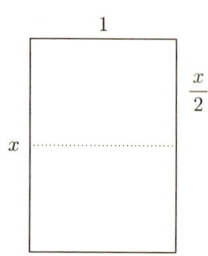

練習問題 2A

1. (1) $27+27i-9-i = 18+26i$

(2) $\dfrac{(1-3i)(3-i)}{(3+i)(3-i)} + \dfrac{(1+3i)(3+i)}{(3-i)(3+i)} = \dfrac{3-10i-3}{9+1} + \dfrac{3+10i-3}{9+1}$

$= -\dfrac{10i}{10} + \dfrac{10i}{10} = 0$

(3) $\dfrac{-1+3\sqrt{3}i + 9 - 3\sqrt{3}i}{8} = \dfrac{8}{8} = 1$

(4) $\dfrac{(\sqrt{3}+i)(\sqrt{3}+i)}{(\sqrt{3}-i)(\sqrt{3}+i)} - \dfrac{(\sqrt{3}-i)(\sqrt{3}-i)}{(\sqrt{3}+i)(\sqrt{3}-i)}$

$= \dfrac{3+2\sqrt{3}i-1}{3+1} - \dfrac{3-2\sqrt{3}i-1}{3+1}$

$= \dfrac{2+2\sqrt{3}i}{4} - \dfrac{2-2\sqrt{3}i}{4} = \dfrac{4\sqrt{3}i}{4} = \sqrt{3}i$

2. (1) $x = \dfrac{-1 \pm \sqrt{1-4}}{2 \times 1} = \dfrac{-1 \pm \sqrt{-3}}{2} = \dfrac{-1 \pm \sqrt{3}i}{2}$

   (2) $x = \dfrac{-2 \pm \sqrt{4-8}}{2 \times 1} = \dfrac{-2 \pm \sqrt{-4}}{2} = \dfrac{-2 \pm 2i}{2} = -1 \pm i$

   (3) $x^3 + 1 = (x+1)(x^2 - x + 1) = 0$

   $x + 1 = 0$ より $x = -1$.

   $x^2 - x + 1 = 0$ より $x = \dfrac{1 \pm \sqrt{3}i}{2}$.　　　答. $x = -1, \dfrac{1 \pm \sqrt{3}i}{2}$

   (4) $x^4 - 1 = (x^2 - 1)(x^2 + 1) = (x+1)(x-1)(x^2+1) = 0$

   $x + 1 = 0$ より $x = -1$,　$x - 1 = 0$ より $x = 1$.

   $x^2 + 1 = 0$ より $x^2 = -1$ だから $x = \pm i$.　　　答. $x = \pm 1, \pm i$

3. $D = 4k^2 - 4(-k+6) = 4(k^2 + k - 6) = 4(k+3)(k-2)$

   $(k+3)(k-2) < 0$ を解いて，$-3 < k < 2$.

4. $D = 4(m+1)^2 - 4(m^2 + 4m + 1) = -8m > 0$　　　答. $m < 0$

5. (1) $y = -2x + 5$. $x^2 + (-2x+5)^2 - 25 = 0$.

   $5x^2 - 20x = 0$. $5x(x-4) = 0$. $x = 0, 4$.

   $x = 0$ のとき $y = 5$. $x = 4$ のとき $y = -3$.

   答. $\begin{cases} x = 0 \\ y = 5 \end{cases}$　$\begin{cases} x = 4 \\ y = -3 \end{cases}$

   (2) 　　　　　　　　　　　　　　　答. $x = 2, y = 3, z = 5$

6. (1) $(x-2)(x-5) \geqq 0$　　　　　　　答. $x \leqq 2, 5 \leqq x$

   (2) $(x-4)(x+3) < 0$　　　　　　　答. $-3 < x < 4$

   (3) $(x+2)(x+6) > 0$　　　　　　　答. $x < -6, -2 < x$

   (4) $x(x-3) \leqq 0$　　　　　　　　答. $0 \leqq x \leqq 3$

練習問題 2B

1. (1) $\alpha + \beta = -2$, $\alpha\beta = -\dfrac{7}{3}$, $\alpha^2\beta + \alpha\beta^2 = \alpha\beta(\alpha + \beta) = \dfrac{14}{3}$

   (2) $\alpha^3 + \beta^3 = (\alpha + \beta)(\alpha^2 - \alpha\beta + \beta^2) = (\alpha + \beta)\{(\alpha + \beta)^2 - 3\alpha\beta\}$
   $= (-2)(4+7) = -22$

   (3) $\dfrac{\beta}{\alpha} + \dfrac{\alpha}{\beta} = \dfrac{\alpha^2 + \beta^2}{\alpha\beta} = \dfrac{(\alpha+\beta)^2 - 2\alpha\beta}{\alpha\beta}$

$$= \frac{4 - 2\left(-\frac{7}{3}\right)}{-\frac{7}{3}} = -\frac{4 + \frac{14}{3}}{\frac{7}{3}} = -\frac{12 + 14}{7} = -\frac{26}{7}$$

2. (1) 右辺 $= ax^3 + (3a+b)x^2 + (3a+2b+c)x + (a+b+c+d)$
$a = 1, \ 3a + b = 0, \ 3a + 2b + c = 0, \ a + b + c + d = 1.$

答. $a = 1, \ b = -3, \ c = 3, \ d = 0$

(2) 右辺 $= \dfrac{(a+b)x^2 + (-a+b+c)x + (a+c)}{x^3 + 1}$
$a + b = 1, \ -a + b + c = -1, \ a + c = 7.$

答. $a = 3, \ b = -2, \ c = 4$

3. (1) もう 1 つの解を ω' とする. 解と係数の関係より

$$\omega + \omega' = -1. \quad \omega' = -1 - \omega.$$

ω は $x^2 + x + 1 = 0$ の解だから $\omega^2 + \omega + 1 = 0$.
よって, $-1 - \omega = \omega^2$ 答. ω^2

(2) $\omega^2 + \omega + 1 = 0$ より $\omega + \omega^2 = -1$ 答. -1

(3) $(1 - \omega)(1 - \omega^2) = 1 - \omega - \omega^2 + \omega^3 = 1 - (\omega + \omega^2) + \omega^3 = 2 + \omega^3$
$\omega^3 - 1 = (\omega - 1)(\omega^2 + \omega + 1) = 0$ だから $\omega^3 - 1 = 0$
よって, $\omega^3 = 1$.
$2 + \omega^3 = 2 + 1 = 3.$ 答. 3

4. $(x + yi)^2 = i$ とおく $(x, y$ は実数$)$. $x^2 - y^2 + 2xyi = i$ より

$$\begin{cases} x^2 - y^2 = 0 & \cdots\cdots \text{①} \\ 2xy = 1 & \cdots\cdots \text{②} \end{cases}$$

① より $x = \pm y$.

$x = y$ のとき ② へ代入して $2x^2 = 1$. $x = \pm\dfrac{1}{\sqrt{2}} = \pm\dfrac{\sqrt{2}}{2}$.

$x = y = \pm\dfrac{\sqrt{2}}{2}$. 求める複素数は $\dfrac{\sqrt{2}}{2} + \dfrac{\sqrt{2}}{2}i, -\dfrac{\sqrt{2}}{2} - \dfrac{\sqrt{2}}{2}i$.

$x = -y$ のとき ② へ代入して $-2x^2 = 1$. $x^2 = -\dfrac{1}{2}$. x は実数だからこれを満たす解はない.

答. $\pm\left(\dfrac{\sqrt{2}}{2} + \dfrac{\sqrt{2}}{2}i\right)$

練習問題 3A

1. (1) $y = -\frac{2}{3}x + 2$ の傾きは $-\frac{2}{3}$.

$y - 3 = -\frac{2}{3}(x - 2)$ より $y = -\frac{2}{3}x + \frac{13}{3}$.

(2) $-\frac{2}{3}$ に垂直な傾きは $\frac{3}{2}$.

$y - 3 = \frac{3}{2}(x - 2)$ より $y = \frac{3}{2}x$.

(3) $y - 3 = \frac{3 - 2}{-2 - 1}(x + 2) = -\frac{1}{3}x - \frac{2}{3}$,

$y = -\frac{1}{3}x + \frac{7}{3}$ （あるいは $x + 3y - 7 = 0$）.

(4) 中点は $(2, 4)$. 線分の傾きは $\frac{2 - 6}{-1 - 5} = \frac{2}{3}$.

これに垂直な傾きは $-\frac{3}{2}$.

$y - 4 = -\frac{3}{2}(x - 2)$ より $y = -\frac{3}{2}x + 7$.

2. (1) $y = (x + 4)^2 - 16 + 7 = (x + 4)^2 - 9$ 　　答. $(-4, -9)$

(2) $y = \left(x - \frac{5}{2}\right)^2 - \frac{25}{4} + 5 = \left(x - \frac{5}{2}\right)^2 - \frac{5}{4}$ 　　答. $\left(\frac{5}{2}, -\frac{5}{4}\right)$

(3) $y = 2\left(x^2 + \frac{3}{2}x\right) + 2 = 2\left\{\left(x + \frac{3}{4}\right)^2 - \frac{9}{16}\right\} + 2$

$= 2\left(x + \frac{3}{4}\right)^2 - \frac{9}{8} + 2 = 2\left(x + \frac{3}{4}\right)^2 + \frac{7}{8}$ 　　答. $\left(-\frac{3}{4}, \frac{7}{8}\right)$

(4) $y = 3(x^2 + 2x) = 3\left\{(x + 1)^2 - 1\right\} = 3(x + 1)^2 - 3$

答. $(-1, -3)$

(5) $y = -4(x^2 + 2x) + 7 = -4\left\{(x + 1)^2 - 1\right\} + 7 = -4(x + 1)^2 + 11$

答. $(-1, 11)$

(6) $y = -2(x - 0)^2 + 1$ 　　答. $(0, 1)$

3. (1) $y = 2(x^2 - 4x) + 6 = 2\left\{(x - 2)^2 - 4\right\} + 6 = 2(x - 2)^2 - 2$

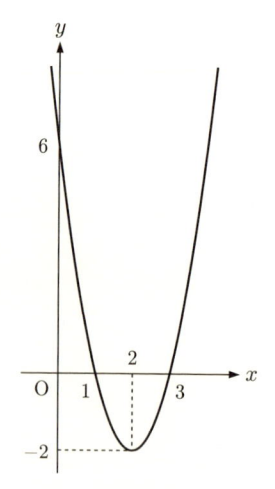

$x=0$ のとき $y=6$, $x=3$ のとき $y=0$.

答．最大値 $6\,(x=0)$，最小値 $-2\,(x=2)$

(2) $y=-3(x^2-2x)+2=-3\left\{(x-1)^2-1\right\}+2$
$=-3(x-1)^2+5$

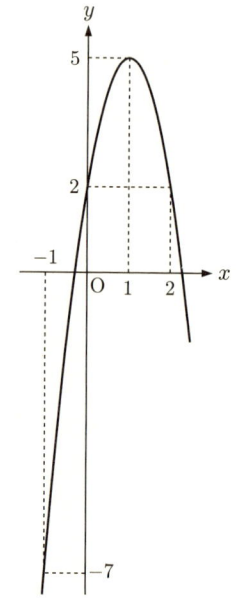

$x=-1$ のとき $y=-7$, $x=2$ のとき $y=2$.

答．最大値 $5\,(x=1)$，最小値 $-7\,(x=-1)$

(3) $y = 3\left(x^2 - \dfrac{4}{3}x\right) + 1 = 3\left\{\left(x - \dfrac{2}{3}\right)^2 - \dfrac{4}{9}\right\} + 1$

$= 3\left(x - \dfrac{2}{3}\right)^2 - \dfrac{4}{3} + 1 = 3\left(x - \dfrac{2}{3}\right)^2 - \dfrac{1}{3}$

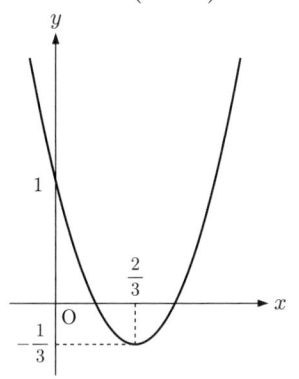

$x = -2$ のとき $y = 21$, $x = 2$ のとき $y = 5$.

答. 最大値 $21\,(x = -2)$, 最小値 $-\dfrac{1}{3}\,\left(x = \dfrac{2}{3}\right)$

4. (1) $y = a(x-3)^2 + 1$ に $x = 5, y = 9$ を代入すると $a = 2$.
よって, $y = 2(x-3)^2 + 1\ (= 2x^2 - 12x + 19)$.

(2) $y = a(x-2)^2$ に $x = 5, y = 27$ を代入する. $a = 3$
よって, $y = 3(x-2)^2$.

(3) $y = a(x-3)^2 + c$ に $x = 2, y = 2$ を代入すると $a + c = 2$.
$x = 5, y = 11$ を代入すると $4a + c = 11$.
これを連立させて解くと $a = 3, c = -1$.
$y = 3(x-3)^2 - 1\ (= 3x^2 - 18x + 26)$

(4) $y = a(x-2)^2 + 9$ に $x = -1, y = 0$ を代入すると
$0 = 9a + 9$, $a = -1$. よって, $y = -(x-2)^2 + 9\ (= -x^2 + 4x + 5)$

5. (1) $D = 4 - 16 = -12 < 0$ 　　　　　　　　　答. なし
(2) $D = 16 - 8 = 8 > 0$ 　　　　　　　　　　答. 2 個
(3) $D = 64 - 64 = 0$ 　　　　　　　　　　　答. 1 個
(4) $D = 25 - 24 = 1 > 0$ 　　　　　　　　　答. 2 個

練習問題 3B

1. (1) $D = 36 - 4m > 0$. $9 - m > 0$. 　　答. $m < 9$

(2) $D = 36 - 4m < 0$. $9 - m < 0$. 　　答. $9 < m$

(3) $x^2 - 6x + m = mx - 6$, $x^2 - (m+6)x + (m+6) = 0$
$D = (m+6)^2 - 4(m+6) = m^2 + 8m + 12 = (m+2)(m+6) = 0$.
$m = -2, -6$ 　　答. $m = -2, -6$

(4) $D = (m+2)(m+6) > 0$. 　　答. $m < -6, -2 < m$

2. $x^2 - 2x + 10 = kx - k$, $x^2 - (k+2)x + k + 10 = 0$.
$D = (k+2)^2 - 4(k+10) = k^2 - 36 = 0$. 　　答. $k = \pm 6$

3. ① は $y = 2(x+2)^2 + 1$, よって, 頂点は $(-2, 1)$
② は $y = 2(x-1)^2 + 3$, よって, 頂点は $(1, 3)$
$(-2, 1)$ を $(1, 3)$ へ移動すればよい.
　　答. x 軸正方向へ 3, y 軸正方向へ 2

4. $(x+2)\left(x - \dfrac{3}{2}\right) < 0$. $x^2 + \dfrac{1}{2}x - 3 < 0$. $2x^2 + x - 6 < 0$
　　答. $m = 1, n = -6$

5. $D = (m+1)^2 - 4(2m-1) = m^2 - 6m + 5 = (m-1)(m-5) < 0$ となればよいので $1 < m < 5$. 　　答. $1 < m < 5$

練習問題 4A

1. (1) 　　　　　　　　　　(2) $y \geqq 2x + 3$

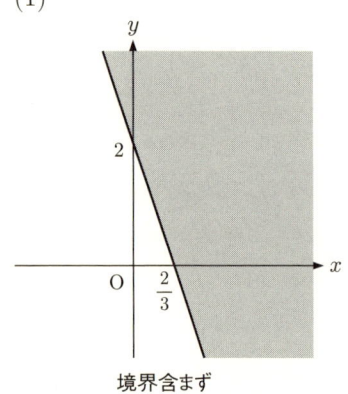

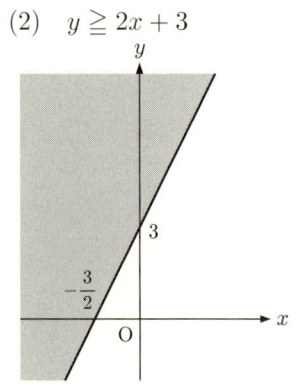

境界含まず　　　　　　　　境界含む

(3) $y < \dfrac{2}{3}x + \dfrac{5}{3}$

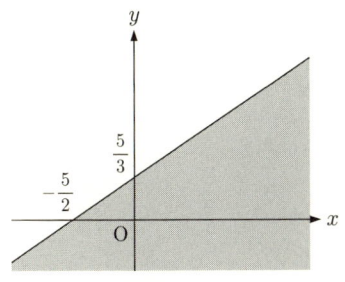

境界含まず

(4) $y \leqq -\dfrac{1}{2}x - \dfrac{5}{2}$

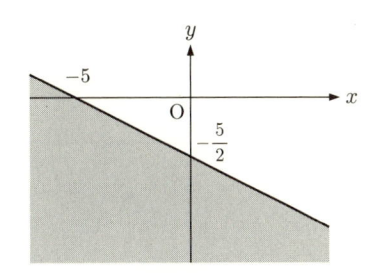

境界含む

2. (1) $y > (x-2)^2 - 1$

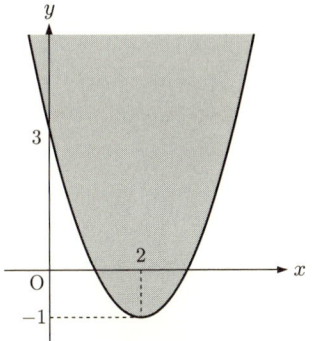

境界含まず

(2) $y > -x^2$

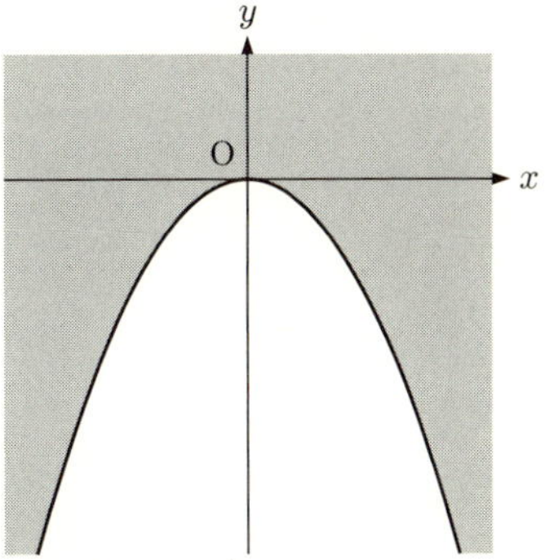

境界含まず

(3) $y \leqq -2(x+1)^2 + 1$

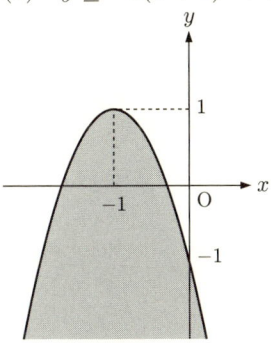

境界含む

(4) $y \geqq -(x-2)^2 + 3$

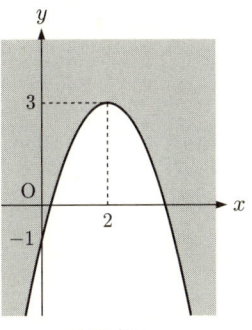

境界含む

3. (1)

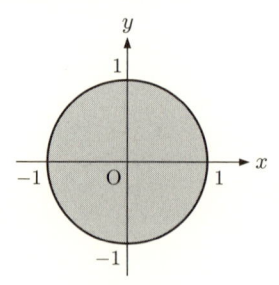

境界含まず

(2)

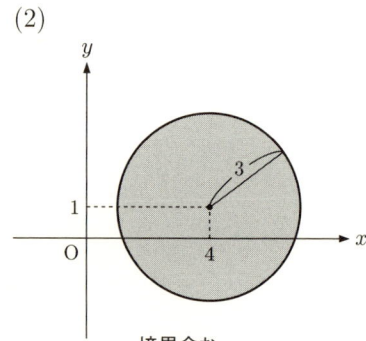

境界含む

(3) $(x-3)^2 + (y+2)^2 \geqq 2^2$

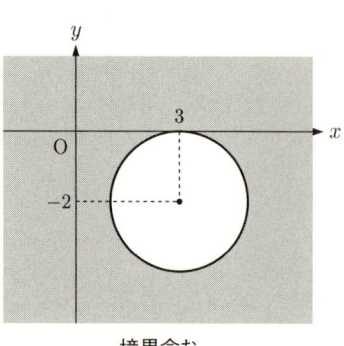

境界含む

(4) $(x+3)^2 + (y-4)^2 > 5^2$

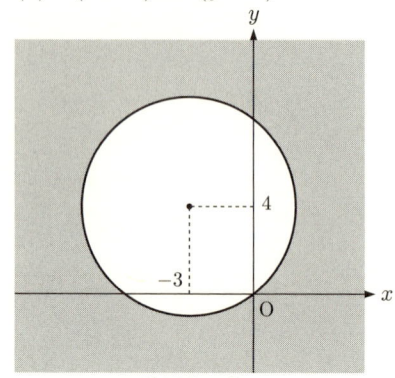

境界含まず

4. (1)

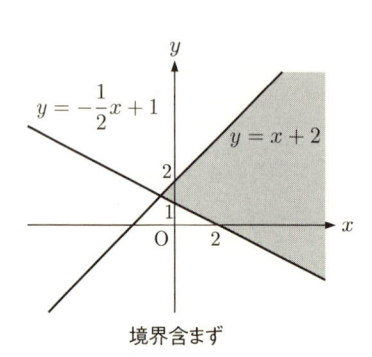

境界含まず

(2)

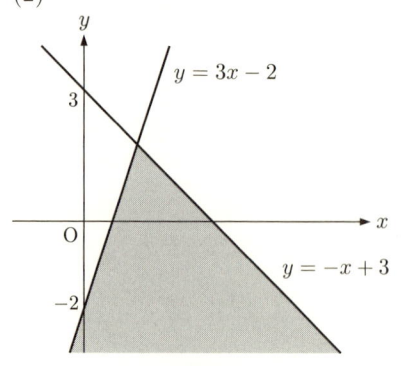

境界含む

練習問題 4B

1. (1)

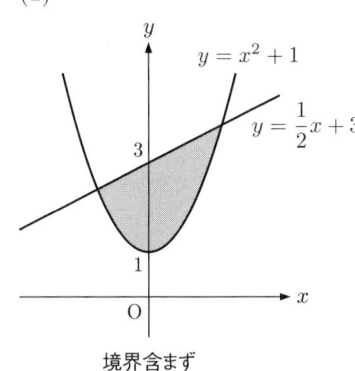

$y = x^2 + 1$
$y = \dfrac{1}{2}x + 3$

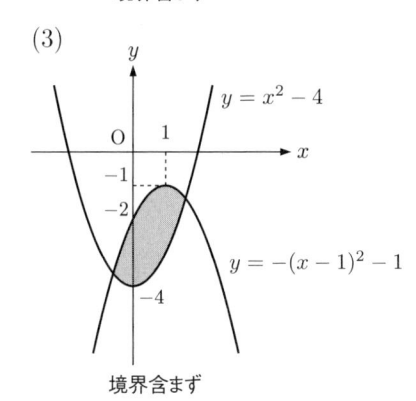

境界含まず

(2)

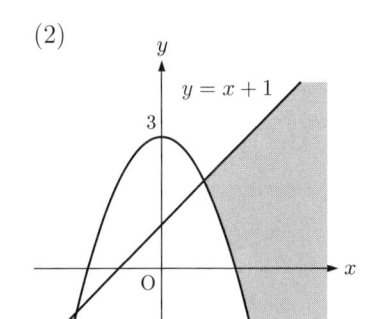

$y = x + 1$
$y = -x^2 + 3$

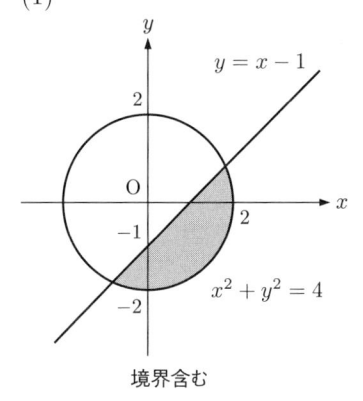

境界含む

(3)

$y = x^2 - 4$
$y = -(x - 1)^2 - 1$

境界含まず

2. (1)

$y = x - 1$
$x^2 + y^2 = 4$

境界含む

(2)

$x^2 + y^2 = 9$
$y = -x + 1$

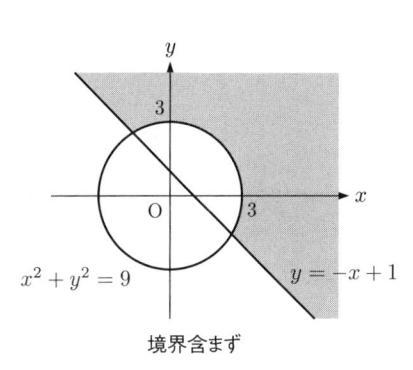

境界含まず

(3)

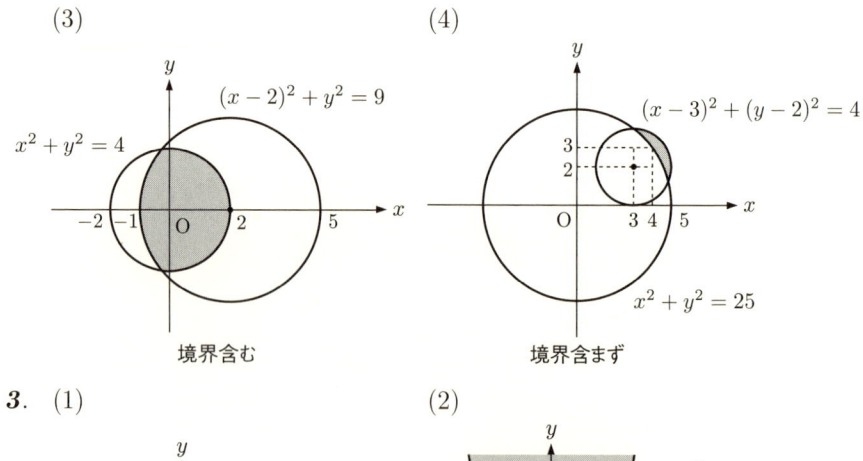

$(x-2)^2 + y^2 = 9$
$x^2 + y^2 = 4$

境界含む

(4)

$(x-3)^2 + (y-2)^2 = 4$
$x^2 + y^2 = 25$

境界含まず

3. (1)

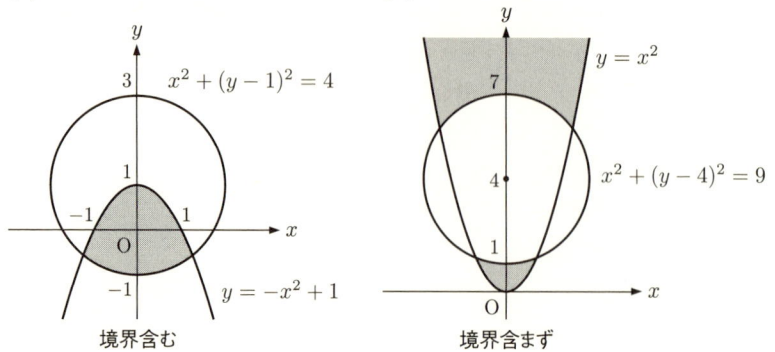

$x^2 + (y-1)^2 = 4$
$y = -x^2 + 1$

境界含む

(2)

$y = x^2$
$x^2 + (y-4)^2 = 9$

境界含まず

(3)

$(x+3)^2 + (y-1)^2 = 25$
$y = (x+1)^2$

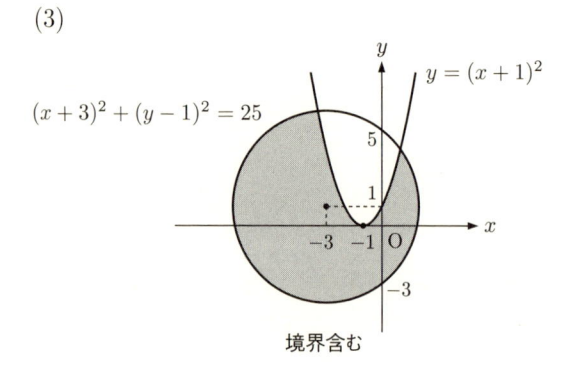

境界含む

4. (1) 境界含まず

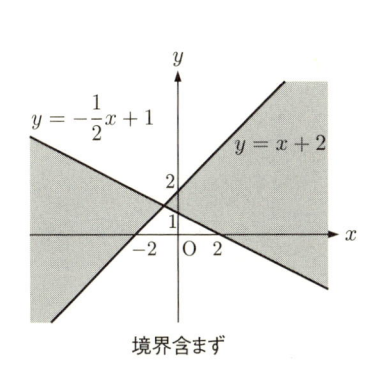

(2) 境界含む

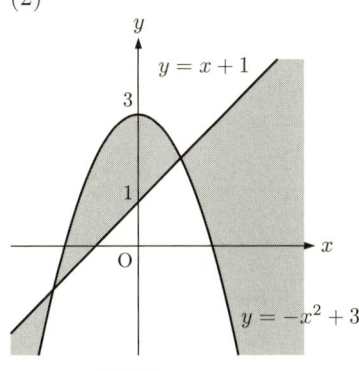

(3) 境界含まず

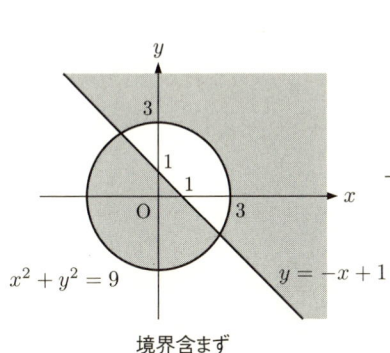

(4) 境界含む

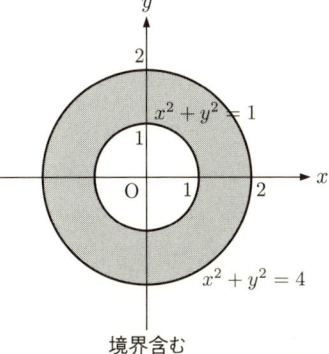

練習問題 5A

1. $y = 2^x$ と $y = \left(\dfrac{1}{2}\right)^x$ のグラフの描き方をまねすればよい．

2. (1) $4, 5, 3$　　(2) $-\dfrac{1}{2}, -\dfrac{2}{3}, -\dfrac{4}{5}$

3. (1) 2　　(2) 3　　(3) a^2　　(4) 1　　(5) $\dfrac{1}{\sqrt[6]{a}\sqrt[3]{b}}$

4. (1) $\dfrac{5}{4}$　　(2) 1

5. (1) $x > \dfrac{3}{7}$　　(2) $1 < x < 2$

練習問題 5B

1. (1) $x = 0, 1$

   (2) $x = 2, \log_2 3$

   （ここで $\log_2 3$ は 2 を何乗したら 3 になるかという数を表す）

2. (1) $9^x - 6 \cdot 3^x - 27 < 0$ において $3^x = t$ とおくと $t^2 - 6t - 27 < 0$ となる．$t > 0$ かつ $-3 < t < 9$ であるから $0 < t < 9$ となる．よって，$0 < 3^x < 9$ となる x を求めればよいが，$y = 3^x$ は狭義単調増加であるから $x < 2$ が答えである．

   (2) $25^x - 3 \cdot 5^x - 10 > 0$ において $5^x = t$ とおくと $t^2 - 3t - 10 > 0$ となる．$t > 0$ かつ「$t > 5$ または $t < -2$」であるから $t > 5$ となる．よって，$5^x > 5$ となる x を求めればよいが，$y = 5^x$ は狭義単調増加であるから $x > 1$ が答えである．

   (3) $9^x - 12 \cdot 3^x + 27 > 0$ において $3^x = t$ とおくと $t^2 - 12t + 27 > 0$ となる．$t > 0$ かつ「$t > 9$ または $t < 3$」であるから「$t > 9$ または $0 < t < 3$」となる．よって，$3^x > 9$ または $0 < 3^x < 3$ となる x を求めればよいが，$y = 3^x$ は狭義単調増加であるから $x > 2, x < 1$ が答えである．

練習問題 6A

1. (1) 4   (2) -3 (3) -2
2. (1) 4   (2) 2   (3) 2   (4) 1
3. (1) 6   (2) 4
4. (1) $x = 81$ (2) $x = 3$ (3) $x = 2$
5. (1) $\dfrac{5}{2} < x < 3$ (2) $1 < x < \dfrac{3}{2}$

練習問題 6B

1. (1) $x = 4, 6$ (2) $x = 2$
2. (1) $x > 1$ (2) $5 < x < 6$ (3) $1 < x < 2, 4 < x < 5$
3. (1) $\log_{10} 15 = \log_{10} 3 \cdot 5 = \log_{10} \dfrac{3 \cdot 10}{2} = \log_{10} 3 + \log_{10} 10 - \log_{10} 2$

$$= 0.4771 + 1 - 0.3010 = 1.1761$$

(2)　$\log_{10} 24 = \log_{10} 2^3 \cdot 3 = 3\log_{10} 2 + \log_{10} 3 = 3 \times 0.3010 + 0.4771$
$$= 1.3801$$

(3)　$\log_{10} 60 = \log_{10} 2 \cdot 3 \cdot 10 = \log_{10} 2 + \log_{10} 3 + \log_{10} 10$
$$= 0.3010 + 0.4771 + 1 = 1.7781$$

4. $\log_{10} 2^{44} = 44 \log_{10} 2 = 44 \times 0.3010 = 13.244$ であるから 14 桁である.

5. x 時間かかるとすると $2^x = 10000$ であるから, 両辺の常用対数をとると $x \log_{10} 2 = 4$ となる. したがって, $x = \dfrac{4}{\log_{10} 2} = \dfrac{4}{0.3010} = 13.28\cdots$ となるので, 答えは約 13 時間である.

練習問題 7.1A

1. (1)　$\sin A = \dfrac{4}{5}, \cos A = \dfrac{3}{5}, \tan A = \dfrac{4}{3}, \sin C = \dfrac{3}{5}, \cos C = \dfrac{4}{5},$
　　$\tan C = \dfrac{3}{4}$

(2)　$\sin A = \dfrac{12}{13}, \cos A = \dfrac{5}{13}, \tan A = \dfrac{12}{5}, \sin C = \dfrac{5}{13},$
　　$\cos C = \dfrac{12}{13}, \tan C = \dfrac{5}{12}$

(3)　$\sin A = \dfrac{3}{4}, \cos A = \dfrac{\sqrt{7}}{4}, \tan A = \dfrac{3}{\sqrt{7}}, \sin C = \dfrac{\sqrt{7}}{4},$
　　$\cos C = \dfrac{3}{4}, \tan C = \dfrac{\sqrt{7}}{3}$

2. (1)　$\cos \theta = \dfrac{2\sqrt{6}}{5}, \tan \theta = \dfrac{1}{2\sqrt{6}}$

(2)　$\sin \theta = \dfrac{\sqrt{21}}{5}, \tan \theta = \dfrac{\sqrt{21}}{2}$

(3)　$\sin \theta = \dfrac{4}{\sqrt{17}}, \cos \theta = \dfrac{1}{\sqrt{17}}$

3. (1)　$\cos \theta = -\dfrac{\sqrt{35}}{6}, \tan \theta = -\dfrac{1}{\sqrt{35}}$

(2)　$\sin \theta = \dfrac{\sqrt{11}}{6}, \tan \theta = -\dfrac{\sqrt{11}}{5}$

(3)　$\sin \theta = \dfrac{5}{\sqrt{26}}, \cos \theta = -\dfrac{1}{\sqrt{26}}$

練習問題 7.1B

1. (1) $60°, 120°$　(2) $150°$　(3) $45°$　(4) $90°$

2. θ から $\theta + 90°$ に変わると底辺と高さが逆転することと第 2 象限での三角関数の符号に注意すると，

$$\sin(\theta + 90°) = \cos\theta, \cos(\theta + 90°) = -\sin\theta, \tan(\theta + 90°) = -\frac{1}{\tan\theta}$$

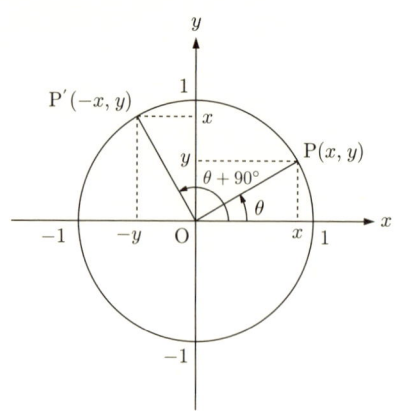

3. 上図において $\sin\theta = \dfrac{y}{r}, \cos\theta = \dfrac{x}{r}, \tan\theta = \dfrac{y}{x}$ であるから，

$$\frac{\sin\theta}{\cos\theta} = \frac{\frac{y}{r}}{\frac{x}{r}} = \frac{y}{x} = \tan\theta\ \text{である．また，}$$

$$\sin^2\theta + \cos^2\theta = \left(\frac{y}{r}\right)^2 + \left(\frac{x}{r}\right)^2 = \frac{x^2+y^2}{r^2} = \frac{r^2}{r^2} = 1\ \text{より}$$

$\sin^2\theta + \cos^2\theta = 1$ の両辺を $\cos^2\theta$ で割ると $1 + \tan^2\theta = \dfrac{1}{\cos^2\theta}$ を得る．

4. $\triangle \text{ABC}$ において $\angle \text{B}$ が直角，辺 $\text{BC}, \text{CA}, \text{AB}$ の長さが a, b, c であるとする．面積を使って考えるために，1 辺の長さが $a+c$ の正方形に内接する 1 辺の長さが b の正方形を用意する．大きな正方形の面積は，小さな正方形の面積に三角形 4 個分の面積を加えて得られるから，$(a+c)^2 = b^2 + \dfrac{1}{2}ac \times 4$ となり $a^2 + c^2 = b^2$ が出る．

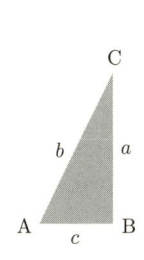

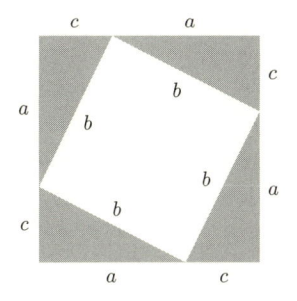

練習問題 7.2A

1. (1) $a = \sqrt{6}$, $R = \sqrt{2}$ (2) $b = 4\sqrt{3}$, $R = 4$

2. (1) $a = \sqrt{7}$ (2) $b = 3$ (3) $\cos B = \dfrac{5}{9}$

3. (1) $\dfrac{35\sqrt{2}}{4}$ (2) $6\sqrt{3}$

4. (1) $6\sqrt{5}$ (2) $\dfrac{15\sqrt{3}}{4}$

練習問題 7.2B

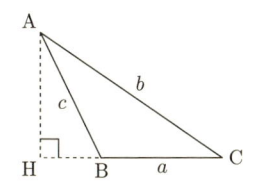

1. ∠B が鈍角のとき，上図のごとく直角三角形 AHC を作る．ピタゴラスの定理により $AH^2 = AB^2 - BH^2 = AC^2 - CH^2$ である．$\cos B < 0$ であることに注意すると，$BH = -c\cos B$ より $CH = a - c\cos B$ であるから，$c^2 - (c\cos B)^2 = b^2 - (a - c\cos B)^2$ である．したがって，$c^2 - c^2\cos^2 B = b^2 - (a^2 - 2ca\cos B + c^2\cos^2 B)$ より
$b^2 = c^2 + a^2 - 2ca\cos B$ を得る．

2. 面積の公式は $S = \dfrac{1}{2}bc\sin A$ であるから，$\sin A$ を a, b, c で表せばよい．ここで $\sin^2 A = 1 - \cos^2 A = (1 + \cos A)(1 - \cos A)$ であるから，$\cos A$ を a, b, c で表せばよい．余弦定理
$a^2 = b^2 + c^2 - 2bc\cos A$ より，$\cos A = \dfrac{b^2 + c^2 - a^2}{2bc}$ である．した

がって，
$$\sin^2 A = \left(1 + \frac{b^2+c^2-a^2}{2bc}\right)\left(1 - \frac{b^2+c^2-a^2}{2bc}\right)$$
$$= \frac{\{(b+c)^2-a^2\}\{a^2-(b-c)^2\}}{(2bc)^2}$$
$$= \frac{(b+c+a)(b+c-a)(a+b-c)(a-b+c)}{(2bc)^2}$$

より $\sin A = \dfrac{\sqrt{(b+c+a)(b+c-a)(a+b-c)(a-b+c)}}{2bc}$ がわかる．

これを $S = \dfrac{1}{2}bc\sin A$ に代入すると
$$S = \sqrt{\frac{b+c+a}{2} \cdot \frac{b+c-a}{2} \cdot \frac{a+b-c}{2} \cdot \frac{a-b+c}{2}}$$

となるから，$s = \dfrac{a+b+c}{2}$ より $S = \sqrt{s(s-a)(s-b)(s-c)}$ が出る．

練習問題 7.3A

1. (1) $\cos\theta = -\dfrac{12}{13}$, $\tan\theta = \dfrac{5}{12}$

(2) $\sin\theta = -\dfrac{\sqrt{13}}{7}$, $\tan\theta = \dfrac{\sqrt{13}}{6}$

(3) $\sin\theta = -\dfrac{5}{\sqrt{26}}$, $\cos\theta = -\dfrac{1}{\sqrt{26}}$

(4) $\cos\theta = \dfrac{3\sqrt{7}}{8}$, $\tan\theta = -\dfrac{1}{3\sqrt{7}}$

(5) $\sin\theta = -\dfrac{\sqrt{55}}{8}$, $\tan\theta = -\dfrac{\sqrt{55}}{3}$

(6) $\sin\theta = -\dfrac{6}{\sqrt{37}}$, $\cos\theta = \dfrac{1}{\sqrt{37}}$

練習問題 7.3B

1. (1) $210°, 330°$ (2) $300°$ (3) $225°$ (4) $270°$

2. (1) $90°$ の系統はサインをコサインに替え，コサインをサインに替え，タンジェントを逆数にする．θ が鋭角のとき $\theta - 90°$ は第 4 象限の角になるので，サインの符号の $-$，コサインの符号の $+$，タンジェ

ントの符号の $-$ を右辺につければよい.よって,
$\sin(\theta - 90°) = -\cos\theta$, $\cos(\theta - 90°) = \sin\theta$,
$\tan(\theta - 90°) = -\dfrac{1}{\tan\theta}$ が答えである.

(2) 180° の系統はサイン,コサイン,タンジェントをそのままにする. θ が鋭角のとき $\theta - 180°$ は第3象限の角になるので,サインの符号の $-$,コサインの符号の $-$,タンジェントの符号の $+$ を右辺につければよい.よって,$\sin(\theta - 180°) = -\sin\theta$,
$\cos(\theta - 180°) = -\cos\theta$, $\tan(\theta - 180°) = \tan\theta$ が答えである.

練習問題 7.4A

1. (1) $\sin 75° = \sin(30° + 45°) = \sin 30° \cos 45° + \cos 30° \sin 45°$
$= \dfrac{1}{2} \cdot \dfrac{\sqrt{2}}{2} + \dfrac{\sqrt{3}}{2} \cdot \dfrac{\sqrt{2}}{2} = \dfrac{\sqrt{2} + \sqrt{6}}{4}$

(2) $\cos 105° = \cos(45° + 60°) = \cos 45° \cos 60° - \sin 45° \sin 60°$
$= \dfrac{\sqrt{2}}{2} \cdot \dfrac{1}{2} - \dfrac{\sqrt{2}}{2} \cdot \dfrac{\sqrt{3}}{2} = \dfrac{\sqrt{2} - \sqrt{6}}{4}$

(3) $\tan 255° = \tan(210° + 45°) = \dfrac{\tan 210° + \tan 45°}{1 - \tan 210° \tan 45°}$

$= \dfrac{\dfrac{1}{\sqrt{3}} + 1}{1 - \dfrac{1}{\sqrt{3}} \cdot 1} = \dfrac{\dfrac{1+\sqrt{3}}{\sqrt{3}}}{\dfrac{\sqrt{3}-1}{\sqrt{3}}} = \dfrac{\sqrt{3}+1}{\sqrt{3}-1}$

であるから,分母を有理化して

$\tan 255° = \dfrac{\sqrt{3}+1}{\sqrt{3}-1} = \dfrac{\left(\sqrt{3}+1\right)^2}{\left(\sqrt{3}-1\right)\left(\sqrt{3}+1\right)} = \dfrac{4+2\sqrt{3}}{2} = 2+\sqrt{3}$

2. (1) $\cos\alpha < 0$ であるから,$\cos\alpha = -\sqrt{1 - \left(\dfrac{2}{7}\right)^2} = -\sqrt{\dfrac{45}{49}} = -\dfrac{3\sqrt{5}}{7}$
である.よって,
$\sin 2\alpha = 2\sin\alpha \cos\alpha = 2 \cdot \left(-\dfrac{2}{7}\right) \cdot \left(-\dfrac{3\sqrt{5}}{7}\right) = \dfrac{12\sqrt{5}}{49}$

(2) $\cos 2\alpha = 1 - 2\sin^2\alpha = 1 - 2\left(-\dfrac{2}{3}\right)^2 = 1 - \dfrac{8}{9} = \dfrac{1}{9}$

(3) $\cos 2\alpha = 2\cos^2 \alpha - 1 = 2\left(\dfrac{1}{4}\right)^2 - 1 = \dfrac{1}{8} - 1 = -\dfrac{7}{8}$

(4) $\tan 2\alpha = \dfrac{2\tan \alpha}{1 - \tan^2 \alpha} = \dfrac{2 \cdot \left(-\dfrac{1}{5}\right)}{1 - \left(-\dfrac{1}{5}\right)^2} = \dfrac{-\dfrac{2}{5}}{1 - \dfrac{1}{25}} = \dfrac{-\dfrac{2}{5}}{\dfrac{24}{25}} = -\dfrac{5}{12}$

3. (1) $\sqrt{3}\sin x - \cos x = 2\left(\sin x \cdot \dfrac{\sqrt{3}}{2} - \cos x \cdot \dfrac{1}{2}\right)$

$= 2(\sin x \cdot \cos 30° - \cos x \cdot \sin 30°) = 2\sin(x - 30°)$ であるから，
$2\sin(x - 30°) = -1$ すなわち $\sin(x - 30°) = -\dfrac{1}{2}$ を解けばよい．
$-30° \leqq x - 30° \leqq 150°$ に注意すると，$x - 30° = -30°$ より
$x = 0°$ である．

(2) $\sin x + \cos x = \sqrt{2}\left(\sin x \cdot \dfrac{1}{\sqrt{2}} + \cos x \cdot \dfrac{1}{\sqrt{2}}\right)$

$= \sqrt{2}(\sin x \cdot \cos 45° + \cos x \cdot \sin 45°) = \sqrt{2}\sin(x + 45°)$ であるから，$\sqrt{2}\sin(x+45°) = 1$ すなわち $\sin(x+45°) = \dfrac{\sqrt{2}}{2}$ を解けばよい．
$45° \leqq x+45° \leqq 225°$ に注意すると，$x+45° = 45°, x+45° = 135°$
より $x = 0°, 90°$ である．

(3) $\sin x + \sqrt{3}\cos x = 2\left(\sin x \cdot \dfrac{1}{2} + \cos x \cdot \dfrac{\sqrt{3}}{2}\right)$

$= 2(\sin x \cdot \cos 60° + \cos x \cdot \sin 60°) = 2\sin(x + 60°)$ であるから，
$2\sin(x + 60°) = 1$. すなわち $\sin(x + 60°) = \dfrac{1}{2}$ を解けばよい．
$60° \leqq x+60° \leqq 240°$ に注意すると，$x+60° = 150°$ より $x = 90°$
である．

練習問題 7.4B

1. (1) $\sin^2 112.5° = \dfrac{1 - \cos 225°}{2} = \dfrac{1 + \dfrac{\sqrt{2}}{2}}{2} = \dfrac{2 + \sqrt{2}}{4}$ より

$\sin 112.5° = \sqrt{\dfrac{2 + \sqrt{2}}{4}} = \dfrac{\sqrt{2 + \sqrt{2}}}{2}$

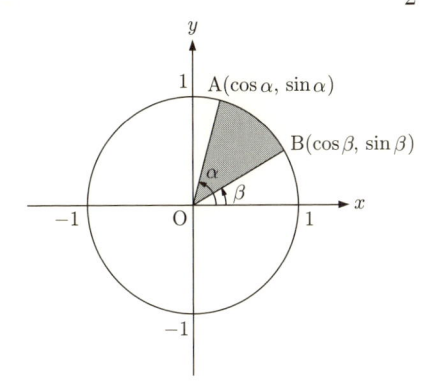

(2) $\cos^2(-15°) = \dfrac{1+\cos(-30°)}{2} = \dfrac{1+\dfrac{\sqrt{3}}{2}}{2} = \dfrac{2+\sqrt{3}}{4}$ より

$\cos(-15°) = \sqrt{\dfrac{2+\sqrt{3}}{4}} = \sqrt{\dfrac{4+2\sqrt{3}}{8}} = \dfrac{\sqrt{3}+1}{2\sqrt{2}} = \dfrac{\sqrt{6}+\sqrt{2}}{4}$

(3) $\tan^2 157.5° = \dfrac{1-\cos 315°}{1+\cos 315°} = \dfrac{1-\dfrac{\sqrt{2}}{2}}{1+\dfrac{\sqrt{2}}{2}} = \dfrac{2-\sqrt{2}}{2+\sqrt{2}}$

$= \dfrac{(2-\sqrt{2})^2}{(2+\sqrt{2})(2-\sqrt{2})} = \dfrac{6-4\sqrt{2}}{2} = 3-2\sqrt{2}$ であるから,

$\tan 157.5° = -\sqrt{3-2\sqrt{2}} = -(\sqrt{2}-1) = 1-\sqrt{2}$

2. (1) $\sin 195° + \sin 75° = 2\sin 135° \cos 60° = 2 \cdot \dfrac{\sqrt{2}}{2} \cdot \dfrac{1}{2} = \dfrac{\sqrt{2}}{2}$

(2) $\sin 165° - \sin 105° = 2\cos 135° \sin 30° = 2 \cdot \left(-\dfrac{\sqrt{2}}{2}\right) \cdot \dfrac{1}{2} = -\dfrac{\sqrt{2}}{2}$

(3) $\cos 105° + \cos 15° = 2\cos 60° \cos 45° = 2 \cdot \dfrac{1}{2} \cdot \dfrac{\sqrt{2}}{2} = \dfrac{\sqrt{2}}{2}$

(4) $\cos 75° - \cos 15° = -2\sin 45° \sin 30° = -2 \cdot \dfrac{\sqrt{2}}{2} \cdot \dfrac{1}{2} = -\dfrac{\sqrt{2}}{2}$

3.

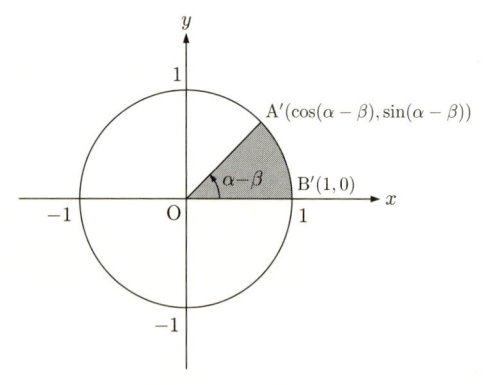

$AB^2 = (\cos\alpha - \cos\beta)^2 + (\sin\alpha - \sin\beta)^2$
$= (\cos^2\alpha - 2\cos\alpha\cos\beta + \cos^2\beta) + (\sin^2\alpha - 2\sin\alpha\sin\beta + \sin^2\beta)$
であるから，$\sin^2\alpha + \cos^2\alpha = 1$ と $\sin^2\beta + \cos^2\beta = 1$ を用いると
$AB^2 = 2 - (\cos\alpha\cos\beta + \sin\alpha\sin\beta)$ となる．一方，
$A'B'^2 = (\cos(\alpha-\beta) - 1)^2 + \sin^2(\alpha-\beta)$
$= \cos^2(\alpha-\beta) - 2\cos(\alpha-\beta) + 1 + \sin^2(\alpha-\beta) = 2 - 2\cos(\alpha-\beta)$
であるから，$AB^2 = A'B'^2$ により $\cos(\alpha-\beta) = \cos\alpha\cos\beta + \sin\alpha\sin\beta$ が出る．β を $-\beta$ で置き換えると，$\cos(\alpha+\beta) = \cos\alpha\cos\beta - \sin\alpha\sin\beta$ を得る．α を $90° - \alpha$ で置き換えると，
$\cos(90° - \alpha + \beta) = \cos(90° - \alpha)\cos\beta - \sin(90° - \alpha)\sin\beta$
$= \sin\alpha\cos\beta - \cos\alpha\sin\beta$ であるが，
$\cos(90° - \alpha + \beta) = \cos(90° - (\alpha - \beta)) = \sin(\alpha - \beta)$ であるから
$\sin(\alpha - \beta) = \sin\alpha\cos\beta - \cos\alpha\sin\beta$ が出る．β を $-\beta$ で置き換えると，$\sin(\alpha + \beta) = \sin\alpha\cos\beta + \cos\alpha\sin\beta$ を得る．$\tan$ の加法定理は本文と同じ仕方で導かれる．

4. (1) $\sin 3\alpha = \sin(2\alpha + \alpha) = \sin 2\alpha \cos\alpha + \cos 2\alpha \sin\alpha$
$= (2\sin\alpha\cos\alpha)\cos\alpha + (1 - 2\sin^2\alpha)\sin\alpha$
$= 2\sin\alpha\cos^2\alpha + \sin\alpha - 2\sin^3\alpha$

である．$\cos^2\alpha = 1 - \sin^2\alpha$ を用いると，
$\sin 3\alpha = 2\sin\alpha(1 - \sin^2\alpha) + \sin\alpha - 2\sin^3\alpha = 3\sin\alpha - 4\sin^3\alpha$
となる．

(2) $\cos 3\alpha = \cos(2\alpha + \alpha) = \cos 2\alpha \cos \alpha - \sin 2\alpha \sin \alpha$
$= (2\cos^2 \alpha - 1)\cos \alpha - (2\sin \alpha \cos \alpha)\sin \alpha$
$= 2\cos^3 \alpha - \cos \alpha - 2\sin^2 \alpha \cos \alpha$

である．$\sin^2 \alpha = 1 - \cos^2 \alpha$ を用いると，
$\cos 3\alpha = 2\cos^3 \alpha - \cos \alpha - 2(1 - \cos^2 \alpha)\cos \alpha = 4\cos^3 \alpha - 3\cos \alpha$
となる．

練習問題 7.5A

1. (1) 弧の長さは $7 \cdot \dfrac{3\pi}{7} = 3\pi$，面積は $\dfrac{1}{2} \cdot 7^2 \cdot \dfrac{3\pi}{7} = \dfrac{21\pi}{2}$

(2) 弧の長さは $5 \cdot \dfrac{6\pi}{5} = 6\pi$，面積は $\dfrac{1}{2} \cdot 5^2 \cdot \dfrac{6\pi}{5} = 15\pi$

2. 扇形の半径を r，中心角を θ，弧の長さを ℓ，面積を S とする．

(1) $\ell = r\theta$ より，$\dfrac{3\pi}{4} = 4\theta$ であるから，$\theta = \dfrac{3\pi}{16}$ である．

(2) $\ell = r\theta$ より，$3\pi = r \cdot \dfrac{2\pi}{3}$ であるから，$r = \dfrac{9}{2}$ である．

(3) $S = \dfrac{1}{2}r^2\theta$ より，$5\pi = \dfrac{1}{2} \cdot 7^2 \theta$ であるから，$\theta = \dfrac{10\pi}{49}$ である．

(4) $S = \dfrac{1}{2}r^2\theta$ より，$6\pi = \dfrac{1}{2} \cdot r^2 \cdot \dfrac{3\pi}{2}$ であるから，$r = 2\sqrt{2}$ である．

練習問題 7.5B

1. (1) $\sin x + \sqrt{3}\cos x = 2\left(\sin x \cdot \dfrac{1}{2} + \cos x \cdot \dfrac{\sqrt{3}}{2}\right)$
$= 2\left(\sin x \cdot \cos \dfrac{\pi}{3} + \cos x \cdot \sin \dfrac{\pi}{3}\right) = 2\sin\left(x + \dfrac{\pi}{3}\right)$ であるから，
$2\sin\left(x + \dfrac{\pi}{3}\right) = 2$ すなわち $\sin\left(x + \dfrac{\pi}{3}\right) = 1$ を解けばよい．
$\dfrac{\pi}{3} \leqq x + \dfrac{\pi}{3} \leqq \dfrac{7\pi}{3}$ に注意すると，$x + \dfrac{\pi}{3} = \dfrac{\pi}{2}$ より $x = \dfrac{\pi}{6}$ である．

(2) $\sin x - \cos x = \sqrt{2}$ を解く．
$\sin x - \cos x = \sqrt{2}\left(\sin x \cdot \dfrac{1}{\sqrt{2}} - \cos x \cdot \dfrac{1}{\sqrt{2}}\right)$
$= \sqrt{2}\left(\sin x \cdot \cos \dfrac{\pi}{4} - \cos x \cdot \sin \dfrac{\pi}{4}\right) = \sqrt{2}\sin\left(x - \dfrac{\pi}{4}\right)$ であるから，$\sqrt{2}\sin\left(x - \dfrac{\pi}{4}\right) = \sqrt{2}$ すなわち $\sin\left(x - \dfrac{\pi}{4}\right) = 1$ を解けばよ

い．$-\dfrac{\pi}{4} \leqq x - \dfrac{\pi}{4} \leqq \dfrac{7\pi}{4}$ に注意すると，$x - \dfrac{\pi}{4} = \dfrac{\pi}{2}$ より $x = \dfrac{3\pi}{4}$ である．

(3) $\sin x - \sqrt{3}\cos x = 2\left(\sin x \cdot \dfrac{1}{2} - \cos x \cdot \dfrac{\sqrt{3}}{2}\right)$
$= 2\left(\sin x \cdot \cos\dfrac{\pi}{3} - \cos x \cdot \sin\dfrac{\pi}{3}\right) = 2\sin\left(x - \dfrac{\pi}{3}\right)$ であるから，
$2\sin\left(x - \dfrac{\pi}{3}\right) = -2$ すなわち $\sin\left(x - \dfrac{\pi}{3}\right) = -1$ を解けばよい．
$-\dfrac{\pi}{3} \leqq x - \dfrac{\pi}{3} \leqq \dfrac{5\pi}{3}$ に注意すると，$x - \dfrac{\pi}{3} = \dfrac{3\pi}{2}$ より $x = \dfrac{11\pi}{6}$ である．

2. $y = \sqrt{3}\sin x + \cos x = 2\left(\sin x \cdot \dfrac{\sqrt{3}}{2} + \cos x \cdot \dfrac{1}{2}\right) = 2\sin\left(x + \dfrac{\pi}{6}\right)$
であるから $y = \sqrt{3}\sin x + \cos x$ のグラフは $y = 2\sin x$ のグラフを x 軸の負方向へ $\dfrac{\pi}{6}$ だけ平行移動して得られる．$y = 2\sin x$ のグラフと $y = 2\sin\left(x + \dfrac{\pi}{6}\right)$ のグラフの交点の x 座標を求める．
$2\sin x = 2\sin\left(x + \dfrac{\pi}{6}\right)$ より $\sin x - \sin\left(x + \dfrac{\pi}{6}\right) = 0$ であるから，
$2\cos\left(x + \dfrac{\pi}{12}\right)\sin\left(-\dfrac{\pi}{12}\right) = 0$ である．したがって，$\cos\left(x + \dfrac{\pi}{12}\right) = 0$
であるが，$\dfrac{\pi}{12} \leqq x + \dfrac{\pi}{12} \leqq \dfrac{25\pi}{12}$ より $x + \dfrac{\pi}{12} = \dfrac{\pi}{2}, \dfrac{3\pi}{2}$ であるから，
$x = \dfrac{5\pi}{12}, \dfrac{17\pi}{12}$ である．

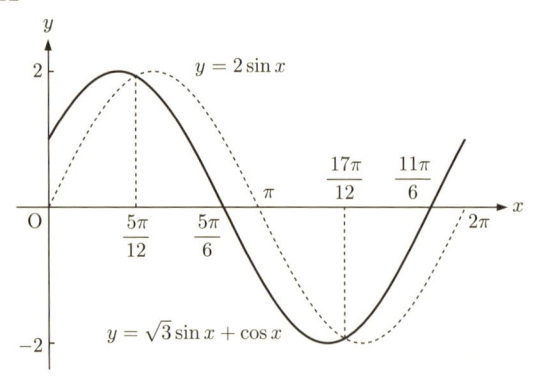

練習問題 8A

1. (1) $4 - 2i$

(2) $3 - 2i - (1 - 4i) = 2 + 2i$

(3) $(3 + 2i)(1 + 4i) = 3 + 14i - 8 = -5 + 14i$

(4) $\dfrac{(1-4i)(3-2i)}{(3+2i)(3-2i)} = \dfrac{3 - 14i - 8}{9 + 4} = \dfrac{-5 - 14i}{13}$

2. (1) $|-1 + i| = \sqrt{1+1} = \sqrt{2}$. 偏角 $\dfrac{3\pi}{4}$

答. $\sqrt{2}\left(\cos\dfrac{3\pi}{4} + i\sin\dfrac{3\pi}{4}\right)$

(2) $|6i| = 6$, 偏角 $= \dfrac{\pi}{2}$ 答. $6\left(\cos\dfrac{\pi}{2} + i\sin\dfrac{\pi}{2}\right)$

(3) $|4| = 4$, 偏角 $= 0$ 答. $4(\cos 0 + i\sin 0)$

(4) $|-9| = 9$, 偏角 $= \pi$ 答. $9(\cos\pi + i\sin\pi)$

(5) $|-2i| = 2$, 偏角 $= -\dfrac{\pi}{2}$ 答. $2\left(\cos\left(-\dfrac{\pi}{2}\right) + i\sin\left(-\dfrac{\pi}{2}\right)\right)$

(6) $|\cos\theta - i\sin\theta| = \sqrt{\cos^2\theta + \sin^2\theta} = 1$. 偏角 $= -\theta$

答. $\cos(-\theta) + i\sin(-\theta)$

(7) $|\sin\theta + i\cos\theta| = \sqrt{\sin^2\theta + \cos^2\theta} = 1.$

$\sin\theta + i\cos\theta = i\left(\dfrac{1}{i}\sin\theta + \cos\theta\right) = i(\cos\theta - i\sin\theta)$

$= \left(\cos\dfrac{\pi}{2} + i\sin\dfrac{\pi}{2}\right)(\cos(-\theta) + i\sin(-\theta))$

$= \cos\left(\dfrac{\pi}{2} - \theta\right) + i\sin\left(\dfrac{\pi}{2} - \theta\right)$ …… 答

3. $|1 + \sqrt{3}i| = \sqrt{1 + 3} = 2$. 偏角は $\dfrac{\pi}{3} = 60°$

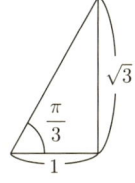

$1 + \sqrt{3}i = 2\left(\cos\dfrac{\pi}{3} + i\sin\dfrac{\pi}{3}\right)$

45° 回転した複素数は

$2(\cos 60° + i\sin 60°)(\cos 45° + i\sin 45°) = 2(\cos 105° + i\sin 105°)$

$$\cos 105° = \cos(60° + 45°) = \cos 60° \cos 45° - \sin 60° \sin 45°$$
$$= \frac{1}{2}\frac{\sqrt{2}}{2} - \frac{\sqrt{3}}{2}\frac{\sqrt{2}}{2} = \frac{\sqrt{2}-\sqrt{6}}{4}$$

$$\sin 105° = \sin(60° + 45°) = \sin 60° \cos 45° + \cos 60° \sin 45°$$
$$= \frac{\sqrt{3}}{2}\frac{\sqrt{2}}{2} + \frac{1}{2}\frac{\sqrt{2}}{2} = \frac{\sqrt{2}+\sqrt{6}}{4}$$

$$2\left(\frac{\sqrt{2}-\sqrt{6}}{4} + i\frac{\sqrt{2}+\sqrt{6}}{4}\right) = \frac{\sqrt{2}-\sqrt{6}}{2} + i\frac{\sqrt{2}+\sqrt{6}}{2} \ \cdots\cdots 答$$

4. 3. より $1 + \sqrt{3}i = 2\left(\cos\frac{\pi}{3} + i\sin\frac{\pi}{3}\right)$

よって, $(1+\sqrt{3}i)^{40} = 2^{40}\left(\cos\frac{40\pi}{3} + i\sin\frac{40\pi}{3}\right)$

$$\frac{40\pi}{3} = \frac{36\pi + 4\pi}{3} = 12\pi + \frac{4\pi}{3}$$

$$\cos\frac{40\pi}{3} = \cos\frac{4\pi}{3} = -\frac{1}{2}, \quad \sin\frac{40\pi}{3} = \sin\frac{4\pi}{3} = -\frac{\sqrt{3}}{2}$$

$$(1+\sqrt{3}i)^{40} = 2^{40}\left(-\frac{1}{2} - \frac{\sqrt{3}}{2}i\right) = -2^{39}(1+\sqrt{3}i) \ \cdots\cdots 答$$

5. (1) -1 は絶対値 1, 偏角 π.

$z = re^{i\theta}$ とすると $z^4 = r^4 e^{i4\theta} = -1$ だから $r^4 = 1$, $4\theta = \pi + 2n\pi$.

$r = 1$.

$$\theta = \frac{\pi}{4} + \frac{n\pi}{2} \quad n = 4l + a \ (l \text{ は整数}, a = 0, 1, 2, 3)$$

とおくと
$$\theta = \frac{\pi}{4} + \frac{4l+a}{2}\pi = \frac{\pi}{4} + \frac{a\pi}{2} + 2l\pi$$

$a = 0$ のとき $\theta = \frac{\pi}{4}$, $a = 1$ のとき $\theta = \frac{\pi}{4} + \frac{\pi}{2} = \frac{3\pi}{4}$,

$a = 2$ のとき $\theta = \frac{\pi}{4} + \pi = \frac{5\pi}{4}$, $a = 3$ のとき $\theta = \frac{\pi}{4} + \frac{3\pi}{2} = \frac{7\pi}{4}$.

この順に z は $\frac{1}{\sqrt{2}} + \frac{1}{\sqrt{2}}i, \ -\frac{1}{\sqrt{2}} + \frac{1}{\sqrt{2}}i, \ -\frac{1}{\sqrt{2}} - \frac{1}{\sqrt{2}}i, \ \frac{1}{\sqrt{2}} - \frac{1}{\sqrt{2}}i$

(2) $z^6 - 1 = (z^3+1)(z^3-1) = (z+1)(z^2-z+1)\cdot(z-1)(z^2+z+1)$

$z + 1 = 0$ より $z = -1$, $z^2 - z + 1 = 0$ より $z = \frac{1 \pm \sqrt{3}i}{2}$

$z-1=0$ より $z=1$, $z^2+z+1=0$ より $z=\dfrac{-1\pm\sqrt{3}i}{2}$

答. $\pm 1, \dfrac{1\pm\sqrt{3}i}{2}, \dfrac{-1\pm\sqrt{3}i}{2}$

(3) $1+i=\sqrt{2}\left(\cos\dfrac{\pi}{4}+i\sin\dfrac{\pi}{4}\right)$. $z=re^{i\theta}$ とおくと,
$z^3=r^3e^{i3\theta}=\sqrt{2}\left(\cos\dfrac{\pi}{4}+i\sin\dfrac{\pi}{4}\right)$ より $r^3=\sqrt{2}=2^{\frac{1}{2}}, r=2^{\frac{1}{6}}$.

$3\theta=\dfrac{\pi}{4}+2n\pi$ （n は整数）

$\theta=\dfrac{\pi}{12}+\dfrac{2n\pi}{3}$ $n=3l+a$ (l は整数, $a=0,1,2$) とおく.

$\theta=\dfrac{\pi}{12}+\dfrac{6l+2a}{3}\pi=\dfrac{\pi}{12}+\dfrac{2a}{3}\pi+2l\pi$

$a=0$ のとき $\theta=\dfrac{\pi}{12}$, $a=1$ のとき $\theta=\dfrac{\pi}{12}+\dfrac{2\pi}{3}=\dfrac{9\pi}{12}=\dfrac{3\pi}{4}$

$a=2$ のとき $\theta=\dfrac{\pi}{12}+\dfrac{4\pi}{3}=\dfrac{17\pi}{12}$

よって, $z=2^{\frac{1}{6}}e^{i\frac{\pi}{12}}, 2^{\frac{1}{6}}e^{i\frac{3\pi}{4}}, 2^{\frac{1}{6}}e^{i\frac{17\pi}{12}}$

練習問題 8B

1. $x=2+i$ を代入すると

$8+12i-6-i-6(4+4i-1)+a(2+i)-10=0$

$2+11i-18-24i+2a+ai-10=0$

$(2a-26)+i(a-13)=0$

よって, $2a-26=0, a-13=0$. したがって, $a=13$.

代入すると $x^3-6x^2+13x-10=(x-2)(x^2-4x+5)$ となる.
$x-2=0$ より $x=2$.
$x^2-4x+5=0$ より $x=\dfrac{4\pm\sqrt{16-20}}{2}=\dfrac{4\pm 2i}{2}=2\pm i$

答. $a=13$, 他の解は 2 と $2-i$

[注] $x=2+i$ より $x-2=i$, $x^2-4x+4=-1$, $x^2-4x+5=0$
$x=2+i$ は方程式 $x^2-4x+5=0$ の解だから与式は x^2-4x+5 で割り切れ, 他の解のうちの1つは $x^2-4x+5=0$ の $2+i$ 以外の解 $2-i$ であるこ

とがわかる.

2. $\sqrt{3} - i = 2\left(\dfrac{\sqrt{3}}{2} - \dfrac{1}{2}i\right) = 2\left(\cos\left(-\dfrac{\pi}{6}\right) + i\sin\left(-\dfrac{\pi}{6}\right)\right)$

$1 + i = \sqrt{2}\left(\dfrac{1}{\sqrt{2}} + \dfrac{1}{\sqrt{2}}i\right) = \sqrt{2}\left(\cos\dfrac{\pi}{4} + i\sin\dfrac{\pi}{4}\right)$

$\dfrac{\sqrt{3} - i}{1 + i} = \dfrac{2\left(\cos\left(-\dfrac{\pi}{6}\right) + i\sin\left(-\dfrac{\pi}{6}\right)\right)}{\sqrt{2}\left(\cos\dfrac{\pi}{4} + i\sin\dfrac{\pi}{4}\right)}$

$= \dfrac{2}{\sqrt{2}}\left(\cos\left(-\dfrac{\pi}{6} - \dfrac{\pi}{4}\right) + i\sin\left(-\dfrac{\pi}{6} - \dfrac{\pi}{4}\right)\right)$

$= \sqrt{2}\left(\cos\left(-\dfrac{5\pi}{12}\right) + i\sin\left(-\dfrac{5\pi}{12}\right)\right)$

$\left(\dfrac{\sqrt{3} - i}{1 + i}\right)^{10} = \sqrt{2}^{10}\left(\cos\left(-\dfrac{50\pi}{12}\right) + i\sin\left(-\dfrac{50\pi}{12}\right)\right)$

ここで $\begin{cases} -\dfrac{50\pi}{12} = -\dfrac{25\pi}{6} = -\left(4 + \dfrac{1}{6}\right)\pi = -\dfrac{\pi}{6} - 4\pi \\ \sqrt{2}^{10} = 2^5 = 32 \end{cases}$ だから

$\left(\dfrac{\sqrt{3} - i}{1 + i}\right)^{10} = 32\left(\cos\left(-\dfrac{\pi}{6}\right) + i\sin\left(-\dfrac{\pi}{6}\right)\right) = 32\left(\dfrac{\sqrt{3}}{2} - \dfrac{1}{2}i\right)$

$= 16(\sqrt{3} - i)$

答. $16\sqrt{3} - 16i$

3. $z = 2\left(\cos\dfrac{2\pi}{3} + i\sin\dfrac{2\pi}{3}\right)$, $z^3 = 2^3\left(\cos 2\pi + i\sin 2\pi\right) = 8$

$z^3 + \dfrac{1}{z^3} = 8 + \dfrac{1}{8} = \dfrac{65}{8}$

4. 複素数 $z = a + bi$ に対して z の虚数部分 b は, $b = \dfrac{z - \bar{z}}{2i}$ を満たす. z が実数であることは $b = 0$ であることと同値である.

$$\frac{\alpha+\beta}{1+\alpha\beta} - \overline{\left(\frac{\alpha+\beta}{1+\alpha\beta}\right)} = \frac{\alpha+\beta}{1+\alpha\beta} - \frac{\overline{\alpha}+\overline{\beta}}{1+\overline{\alpha}\overline{\beta}}$$

$$= \frac{(\alpha+\beta)(1+\overline{\alpha}\overline{\beta}) - (1+\alpha\beta)(\overline{\alpha}+\overline{\beta})}{(1+\alpha\beta)(1+\overline{\alpha}\overline{\beta})}$$

$$= \frac{\alpha+\beta+\alpha\overline{\alpha}\overline{\beta}+\overline{\alpha}\beta\overline{\beta} - \overline{\alpha}-\overline{\beta}-\alpha\overline{\alpha}\beta-\alpha\beta\overline{\beta}}{(1+\alpha\beta)(1+\overline{\alpha}\overline{\beta})}$$

$\alpha\overline{\alpha} = |\alpha|^2 = 1$, $\beta\overline{\beta} = |\beta|^2 = 1$ を代入すると

$$= \frac{\alpha+\beta+\overline{\beta}+\overline{\alpha}-\overline{\alpha}-\overline{\beta}-\beta-\alpha}{(1+\alpha\beta)(1+\overline{\alpha}\overline{\beta})} = 0.$$

よって，$\dfrac{\alpha+\beta}{1+\alpha\beta}$ の虚数部分は 0 となり，実数であることが示された．

5.

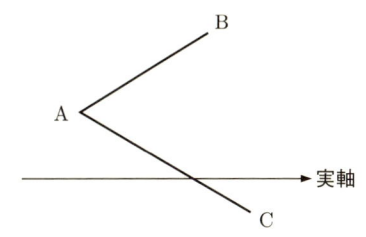

$\arg(\beta-\alpha) = $ 線分 AB と実軸のなす角，
$\arg(\gamma-\alpha) = $ 線分 AC と実軸のなす角．
よって，$\arg\left(\dfrac{\beta-\alpha}{\gamma-\alpha}\right) = \angle\text{BAC}$.

$\dfrac{\beta-\alpha}{\gamma-\alpha}$ が純虚数であることはその偏角が $\pm\dfrac{\pi}{2}$ であることと同値だから $\angle\text{BAC}$ は $\dfrac{\pi}{2}$ に等しく，AB⊥CD である．

練習問題 9A

1. (1) $\overrightarrow{CD} = \overrightarrow{OD} - \overrightarrow{OC} = \vec{b} - \vec{a}$
   (2) $\overrightarrow{BE} = 2\overrightarrow{BO} = 2\overrightarrow{CD} = 2(\vec{b} - \vec{a})$
   (3) $\overrightarrow{DF} = -\overrightarrow{FD} = -\overrightarrow{AC} = -(\overrightarrow{AB} + \overrightarrow{BC}) = -(\vec{a} + \vec{b})$
   (4) $\overrightarrow{CE} = \overrightarrow{CF} + \overrightarrow{FE} = 2\overrightarrow{CO} + \vec{b} = -2\overrightarrow{OC} + \vec{b} = -2\vec{a} + \vec{b}$

2. (1) $3\vec{a} - 2\vec{b} - 4\vec{c} = (6, -9) - (8, 2) - (-8, 4) = (6, -15)$
   大きさ $= \sqrt{36 + 225} = \sqrt{261} = 3\sqrt{29}$
   (2) $5\vec{a} + 3\vec{b} + 10\vec{c} = (10, -15) + (12, 3) + (-20, 10) = (2, -2)$

3. (1) 大きさ $= \sqrt{16+9} = 5$

   大きさ $= \sqrt{4+4} = \sqrt{8} = 2\sqrt{2}$

   答. $\left(\dfrac{4}{5}, \dfrac{3}{5}\right)$

   (2) 大きさ $= \sqrt{25+4} = \sqrt{29}$

   答. $\left(\dfrac{5}{\sqrt{29}}, -\dfrac{2}{\sqrt{29}}\right) = \left(\dfrac{5\sqrt{29}}{29}, -\dfrac{2\sqrt{29}}{29}\right)$

   (3) 大きさ $= \sqrt{1+9} = \sqrt{10}$

   答. $\left(-\dfrac{1}{\sqrt{10}}, \dfrac{3}{\sqrt{10}}\right) = \left(-\dfrac{\sqrt{10}}{10}, \dfrac{3\sqrt{10}}{10}\right)$

4. (1) $\vec{a} = (3, -4)$ は $(4, 3)$ に垂直である. $|\vec{a}| = \sqrt{9+16} = 5$.
   よって, $\dfrac{1}{5}(3, -4) = \left(\dfrac{3}{5}, -\dfrac{4}{5}\right)$ は $(4, 3)$ に垂直な単位ベクトルである.

   答. $\pm\left(\dfrac{3}{5}, -\dfrac{4}{5}\right)$

   (2) $\vec{b} = (2, 5)$ は $(5, -2)$ に垂直である. $|\vec{b}| = \sqrt{4+25} = \sqrt{29}$.
   よって, $\dfrac{1}{\sqrt{29}}(2, 5) = \left(\dfrac{2}{\sqrt{29}}, \dfrac{5}{\sqrt{29}}\right)$ は $(5, -2)$ に垂直な単位ベクトルである.

   答. $\pm\left(\dfrac{2}{\sqrt{29}}, \dfrac{5}{\sqrt{29}}\right)$

   (3) $\vec{c} = (3, 1)$ は $(-1, 3)$ に垂直である. $|\vec{c}| = \sqrt{9+1} = \sqrt{10}$.
   よって, $\dfrac{1}{\sqrt{10}}(3, 1) = \left(\dfrac{3}{\sqrt{10}}, \dfrac{1}{\sqrt{10}}\right)$ は $(-1, 3)$ に垂直な単位ベクトルである.

   答. $\pm\left(\dfrac{3}{\sqrt{10}}, \dfrac{1}{\sqrt{10}}\right)$

5. $s\vec{a} + t\vec{b} = s(2, -1) + t(1, 3) = (2s+t, -s+3t) = (4, 5)$. よって,
$$2s + t = 4 \cdots\cdots ①, \quad -s + 3t = 5 \cdots\cdots ②$$

$$\begin{array}{rl} ① & 2s + t = 4 \\ +)\ 2\times② & -2s + 6t = 10 \\ \hline & 7t = 14 \quad t = 2 \end{array}$$

② より $s = 3t - 5 = 6 - 5 = 1$.

答. $s = 1, t = 2$

6. (1) $|\vec{a}| = \sqrt{40}, |\vec{b}| = \sqrt{10}, \vec{a} \cdot \vec{b} = -6 + 6 = 0$

   答. $\dfrac{\pi}{2}$

   (2) $|\vec{a}| = 2, |\vec{b}| = 2, \vec{a} \cdot \vec{b} = -\sqrt{3} - \sqrt{3} = -2\sqrt{3}$.

$$\cos\theta = \frac{-2\sqrt{3}}{2\times 2} = -\frac{\sqrt{3}}{2},\ \theta = \frac{5\pi}{6} \qquad\qquad 答.\ \frac{5\pi}{6}$$

(3) $|\vec{a}| = \sqrt{20},\ |\vec{b}| = \sqrt{10},\ \vec{a}\cdot\vec{b} = 2-12 = -10.$
$$\cos\theta = \frac{-10}{\sqrt{20}\sqrt{10}} = \frac{-10}{\sqrt{2}\times 10} = -\frac{1}{\sqrt{2}},\ \theta = \frac{3\pi}{4} \qquad 答.\ \frac{3\pi}{4}$$

練習問題 9B

1. (1) $k(4,1) = (x,-2)$ となる k があればよい．$(4k,k) = (x,-2)$ より $4k = x,\ k = -2.$
よって，$x = 4k = 4\times(-2) = -8$ \hfill 答.\ $x = -8$

(2) $k(3,-2) = (5,x)$ より $(3k,-2k) = (5,x).\ 3k = 5,\ -2k = x.$
$k = \dfrac{5}{3}$ だから $x = -2k = -2\times\dfrac{5}{3} = -\dfrac{10}{3}$ \hfill 答.\ $x = -\dfrac{10}{3}$

2. (1) $\vec{a} + t\vec{b} = (\sqrt{3} - \sqrt{3}t,\ 7+t)$
$|\vec{a} + t\vec{b}|^2 = (\sqrt{3} - \sqrt{3}t)^2 + (7+t)^2$
$\qquad = 3(1 - 2t + t^2) + (49 + 14t + t^2) = 4t^2 + 8t + 52$
$\qquad = 4(t^2 + 2t + 13)$ \hfill 答.\ $2\sqrt{t^2 + 2t + 13}$

(2) $t^2 + 2t + 13 = (t+1)^2 + 12.\ t = -1$ のときに最小となり，最小値は $2\sqrt{12} = 4\sqrt{3}.$ \hfill 答.\ $4\sqrt{3}\ (t = -1)$

3. $(\vec{a} - 4\vec{b})\cdot(2\vec{a} - 3\vec{b}) = 2|\vec{a}|^2 - 11\vec{a}\cdot\vec{b} + 12|\vec{b}|^2$
$= 2\cdot 25 - 11\vec{a}\cdot\vec{b} + 12\cdot 5 = 110 - 11\vec{a}\cdot\vec{b} = 0$
よって，$\vec{a}\cdot\vec{b} = 10$ \hfill 答.\ 10

4. (1) $|\vec{a} + \vec{b}|^2 = (\vec{a}+\vec{b})\cdot(\vec{a}+\vec{b}) = |\vec{a}|^2 + 2\vec{a}\cdot\vec{b} + |\vec{b}|^2$
$\qquad = 16 + 2\cdot 4\cdot\sqrt{3}\cdot\dfrac{\sqrt{3}}{2} + 3 = 16 + 12 + 3 = 31$ \hfill 答.\ $\sqrt{31}$

(2) $|2\vec{a} - \vec{b}|^2 = (2\vec{a} - \vec{b})\cdot(2\vec{a} - \vec{b}) = 4|\vec{a}|^2 - 4\vec{a}\cdot\vec{b} + |\vec{b}|^2$
$\qquad = 4\cdot 16 - 4\cdot 4\cdot\sqrt{3}\cdot\dfrac{\sqrt{3}}{2} + 3 = 64 - 24 + 3 = 43$ \hfill 答.\ $\sqrt{43}$

5. $\overrightarrow{AD} = \vec{a}$, $\overrightarrow{AB} = \vec{b}$ とする.

$$\overrightarrow{AE} = \overrightarrow{AB} + \overrightarrow{BE} = \vec{b} + \frac{3}{4}\vec{a}$$

$$\overrightarrow{AF} = \overrightarrow{AB} + \overrightarrow{BF} = \vec{b} + \frac{3}{7}(\vec{a} - \vec{b}) = \frac{3}{7}\vec{a} + \frac{4}{7}\vec{b}$$

$$\frac{4}{7}\overrightarrow{AE} = \frac{4}{7}\left(\frac{3}{4}\vec{a} + \vec{b}\right) = \frac{3}{7}\vec{a} + \frac{4}{7}\vec{b} = \overrightarrow{AF}$$

よって, A,F,E は 1 直線上にある.

練習問題 10.1A

1. $a_n = 4 + (n-1) \cdot 7 = 7n - 3$, $S_n = \dfrac{n\{2 \cdot 4 + (n-1) \cdot 7\}}{2} = \dfrac{n(7n+1)}{2}$ である.

   (1) $a_{19} = 7 \cdot 19 - 3 = 130$
   (2) $S_{25} = \dfrac{25(7 \cdot 25 + 1)}{2} = 25 \cdot 88 = 2200$
   (3) $a_n = 7n - 3 = 102$ を解いて $n = 15$
   (4) $S_n = \dfrac{n(7n+1)}{2} = 90$ を解けばよい.
   $7n^2 + n - 180 = 0$ より $(7n + 36)(n - 5) = 0$,
   したがって, $n = 5, -\dfrac{36}{7}$ であるが n は自然数であるから $n = 5$

2. (1) $a_{14} = a + (14 - 1) \cdot 3 = a + 39 = 43$ より $a = 4$
   (2) $S_7 = \dfrac{7\{2a + (7-1) \cdot 3\}}{2} = 7(a+9) = 84$ より
   $a + 9 = 12$ であるから $a = 3$

3. (1) $a_8 = 8 + (8-1)d = 7d + 8 = 57$ より $d = 7$
   (2) $S_{16} = \dfrac{16\{2 \cdot 8 + (16-1)d\}}{2} = 8(15d + 16) = 728$ より
   $15d + 16 = 91$ であるから $d = 5$

4. $a_n = 2 \cdot 4^{n-1}$, $S_n = \dfrac{2(1 - 4^n)}{1 - 4} = \dfrac{2(4^n - 1)}{3}$ である.
   (1) $a_6 = 2 \cdot 4^5 = 2048$
   (2) $S_3 = \dfrac{2(4^3 - 1)}{3} = \dfrac{2 \cdot 63}{3} = 2 \cdot 21 = 42$
   (3) $a_n = 2 \cdot 4^{n-1} = 128$ であるから $4^{n-1} = 64 = 4^3$ を解いて $n = 4$
   (4) $S_n = \dfrac{2(4^n - 1)}{3} = 682$ であるから $4^n - 1 = 341 \cdot 3 = 1023$ を解けばよい. $4^n = 1024$ より $n = 5$ である.

5. (1) $a_4 = a \cdot (-3)^3 = -27a = -81$ より $a = 3$

(2) $S_4 = \dfrac{a\{1-(-3)^4\}}{1-(-3)} = \dfrac{a(1-81)}{4} = -20a = 180$ より $a = -9$

6. (1) $a_3 = 8r^2 = 32$ より $r^2 = 4$ であるから $r = \pm 2$ であるが $r > 0$ より $r = 2$

(2) $S_3 = 8(1+r+r^2) = 168$ より $r^2 + r - 20 = 0$ であるから $(r+5)(r-4) = 0$, したがって, $r = -5, 4$ であるが $r > 0$ より $r = 4$

練習問題 10.1B

1. (1) $a_n = a + (n-1)d$ であるから, $\begin{cases} -10 = a + 5d \\ -37 = a + 14d \end{cases}$ である.

第2式から第1式を引いて $9d = -27$ より $d = -3, a = 5$ である.

(2) $S_n = \dfrac{n\{2a+(n-1)d\}}{2}$ であるから, $\begin{cases} 180 = \dfrac{9(2a+8d)}{2} \\ 490 = \dfrac{14(2a+13d)}{2} \end{cases}$

より $\begin{cases} 20 = a + 4d \\ 70 = 2a + 13d \end{cases}$ である. 第2式から第1式の2倍を引いて $5d = 30$ より $d = 6, a = -4$ である.

(3) $\begin{cases} 111 = a + 15d \\ 936 = \dfrac{16(2a+15d)}{2} \end{cases}$ より $\begin{cases} 111 = a + 15d \\ 117 = 2a + 15d \end{cases}$ である.

第2式から第1式を引いて $a = 6, d = 7$ である.

2. (1) $a_n = ar^{n-1}$ であるから, $\begin{cases} 64 = ar^3 \\ 16384 = ar^7 \end{cases}$ である.

第2式を第1式で割って $r^4 = 256$ より $r = 4, a = 1$ である.

(2) $S_n = \dfrac{a(1-r^n)}{1-r}$ であるから $\begin{cases} 26 = \dfrac{a(1-r^3)}{1-r} \\ 728 = \dfrac{a(1-r^6)}{1-r} \end{cases}$ である.

第2式を第1式で割って $28 = 1 + r^3$ より $r = 3, a = 2$ である.

(3) $\begin{cases} 10 = ar \\ 62 = a(1+r+r^2) \end{cases}$ である. 第1式より $a = \dfrac{10}{r}$ となるので,

第 2 式に代入すると $62 = \dfrac{10(1+r+r^2)}{r}$ より $5r^2 - 26r + 5 = 0$ である．したがって，$(5r-1)(r-5) = 0$ より $r = 5, \dfrac{1}{5}$ であるが $r > 1$ より $r = 5, a = 2$ となる．

3. (1) $\displaystyle\sum_{k=1}^{n}\{(k+1)^2 - k^2\} = \sum_{k=1}^{n}(2k+1)$ において，左辺は

$\{2^2 + 3^2 + \cdots + n^2 + (n+1)^2\} - (1^2 + 2^2 + \cdots + n^2) = (n+1)^2 - 1$

$= n^2 + 2n$ である．一方，右辺は $2\displaystyle\sum_{k=1}^{n}k + \sum_{k=1}^{n}1 = 2\sum_{k=1}^{n}k + n$

となるから，$n^2 + 2n = 2\displaystyle\sum_{k=1}^{n}k + n$ である．ゆえに

$\displaystyle\sum_{k=1}^{n}k = \dfrac{n(n+1)}{2}$ が成り立つ．

(2) $\displaystyle\sum_{k=0}^{n}k = \sum_{k=0}^{n}(n-k) = n\sum_{k=0}^{n}1 - \sum_{k=0}^{n}k = (n+1)n - \sum_{k=0}^{n}k$ より

$\displaystyle\sum_{k=0}^{n}k = \dfrac{n(n+1)}{2}$

4. (1) まず $n = 1$ のとき (左辺) $= 1$, (右辺) $= \left\{\dfrac{1 \cdot (1+1)}{2}\right\}^2 = 1$ であるから成り立つ．

次に k を任意の自然数として，$n = k$ のとき成り立つと仮定すると $1^3 + 2^3 + 3^3 + \cdots + (k-2)^3 + (k-1)^3 + k^3 = \left\{\dfrac{k(k+1)}{2}\right\}^2$ である．$n = k + 1$ のとき，

(左辺) $= \{1^3 + 2^3 + 3^3 + \cdots + (k-2)^3 + (k-1)^3 + k^3\} + (k+1)^3$

$= \left\{\dfrac{k(k+1)}{2}\right\}^2 + (k+1)^3 = \left\{\dfrac{k^2}{4} + (k+1)\right\}(k+1)^2$

$= \left\{\dfrac{(k+1)(k+2)}{2}\right\}^2 = $ (右辺)

となって $n = k + 1$ のときも成り立つ．したがって，与式はすべての自然数に対して成り立つ．

(2) $\sum_{k=1}^{n}\{(k+1)^4 - k^4\} = \sum_{k=1}^{n}(4k^3 + 6k^2 + 4k + 1)$ において，左辺は
$\{2^4 + 3^4 + \cdots + n^4 + (n+1)^4\} - (1^4 + 2^4 + \cdots + n^4) = (n+1)^4 - 1$
$= n^4 + 4n^3 + 6n^2 + 4n$ である．

一方，右辺は $4\sum_{k=1}^{n}k^3 + 6\sum_{k=1}^{n}k^2 + 4\sum_{k=1}^{n}k + \sum_{k=1}^{n}1$ と書きなおすと

$$4\sum_{k=1}^{n}k^3 + 6 \cdot \frac{n(n+1)(2n+1)}{6} + 4 \cdot \frac{n(n+1)}{2} + n$$

$$= 4\sum_{k=1}^{n}k^3 + n(n+1)(2n+1) + 2n(n+1) + n$$

である．よって，

$$n^4 + 4n^3 + 6n^2 + 4n$$
$$= 4\sum_{k=1}^{n}k^3 + n(n+1)(2n+1) + 2n(n+1) + n$$

となる．したがって，$4\sum_{k=1}^{n}k^3 =$
$n\left\{(n^3 + 4n^2 + 6n + 4) - (2n^2 + 3n + 1) - (2n + 2) - 1\right\}$
$= n(n^3 + 2n^2 + n)$ より $\sum_{k=1}^{n}k^3 = \left\{\dfrac{n(n+1)}{2}\right\}^2$ である．

(3) $\sum_{k=0}^{n}k^3 = \sum_{k=0}^{n}(n-k)^3$ において，右辺を展開すると

$$\sum_{k=0}^{n}(n^3 - 3n^2 k + 3nk^2 - k^3)$$

$$= n^3(n+1) - 3n^2 \cdot \frac{n(n+1)}{2} + 3n \cdot \frac{n(n+1)(2n+1)}{6} - \sum_{k=0}^{n}k^3$$

となるから，
$$2\sum_{k=1}^{n}k^3 = \frac{n^2(n+1)}{2}\{2n - 3n + (2n+1)\} = \frac{n^2(n+1)^2}{2}$$ より，

$$\sum_{k=1}^{n} k^3 = \left\{\frac{n(n+1)}{2}\right\}^2 \text{ が出る}.$$

練習問題 10.2A

1. (1) $a_n = \dfrac{n^2 + n + 1}{n^3 - 2n^2 + 2n - 1}$ の分子分母を分母の最高次である n^3 で割ると $a_n = \dfrac{\dfrac{1}{n} + \dfrac{1}{n^2} + \dfrac{1}{n^3}}{1 - \dfrac{2}{n} + \dfrac{2}{n^2} - \dfrac{1}{n^3}}$ である. $n \to \infty$ のとき $\dfrac{1}{n} \to 0, \dfrac{1}{n^2} \to 0, \dfrac{1}{n^3} \to 0$ であるから $a_n \to 0$ となる.

(2) $a = 5^n - 3^n = 5^n \left(1 - \left(\dfrac{3}{5}\right)^n\right)$ である. $n \to \infty$ のとき $5^n \to \infty, \left(\dfrac{3}{5}\right)^n \to 0$ であるから $a_n \to \infty$ となる.

(3) $a_n = \dfrac{4^n + 6^n}{5^n + 6^n}$ の分子分母を 6^n で割ると $a_n = \dfrac{\left(\dfrac{2}{3}\right)^n + 1}{\left(\dfrac{5}{6}\right)^n + 1}$ である. $n \to \infty$ のとき $\left(\dfrac{2}{3}\right)^n \to 0, \left(\dfrac{5}{6}\right)^n \to 0$ であるから $a_n \to 1$ となる.

(4) $a_n = \sqrt{n+1} - \sqrt{n} = \dfrac{(\sqrt{n+1} - \sqrt{n})(\sqrt{n+1} + \sqrt{n})}{\sqrt{n+1} + \sqrt{n}}$
$= \dfrac{(n+1) - n}{\sqrt{n+1} + \sqrt{n}} = \dfrac{1}{\sqrt{n+1} + \sqrt{n}}$ である. $n \to \infty$ のとき $\sqrt{n+1} \to \infty, \sqrt{n} \to \infty$ であるから $a_n \to 0$ となる.

(5) $-1 \leqq \cos n \leqq 1$ より $-\dfrac{1}{n} \leqq a_n \leqq \dfrac{1}{n}$ であるが, $n \to \infty$ のとき $\dfrac{1}{n} \to 0$ であるから, $a_n \to 0$ である.

2. (1) 初項が $a = 1$, 公比が $r = \dfrac{2}{3}$ である無限等比級数である. $|r| < 1$ であるから収束して和は $\dfrac{1}{1 - \dfrac{2}{3}} = 3$ である.

(2) 初項が $a = \dfrac{3}{4}$, 公比が $r = \dfrac{3}{4}$ である無限等比級数である. $|r| < 1$

であるから収束して和は $\dfrac{\frac{3}{4}}{1-\frac{3}{4}} = 3$ である．

練習問題 10.2B

1. (1) $0.333\cdots$ は初項が 0.3，公比が 0.1 の無限等比級数であるから，収束して和は $\dfrac{0.3}{1-0.1} = \dfrac{1}{3}$ である．または次のようにしてもよい．$x = 0.333\cdots$ とおいて両辺を 10 倍すると $10x = 3.333\cdots$ となるから，第 2 式から第 1 式を引くと $9x = 3$ となるので $x = \dfrac{1}{3}$ である．

   (2) $0.454545\cdots$ は初項が 0.45，公比が 0.01 の無限等比級数であるから，収束して和は $\dfrac{0.45}{1-0.01} = \dfrac{45}{99} = \dfrac{5}{11}$ である．または次のようにしてもよい．$x = 0.454545\cdots$ とおいて両辺を 100 倍すると $100x = 45.454545\cdots$ となるから，第 2 式から第 1 式を引くと $99x = 45$ となるので $x = \dfrac{5}{11}$ である．

   (3) $0.999\cdots$ は初項が 0.9，公比が 0.1 の無限等比級数であるから，収束して和は $\dfrac{0.9}{1-0.1} = 1$ である．または次のようにしてもよい．$x = 0.999\cdots$ とおいて両辺を 10 倍すると $10x = 9.999\cdots$ となるから，第 2 式から第 1 式を引くと $9x = 9$ となるので $x = 1$ である．

2. (1) $\dfrac{1}{k(k+1)} = \dfrac{1}{k} - \dfrac{1}{k+1}$ に注意すると，

$$S_n = \sum_{k=1}^{n}\left(\dfrac{1}{k\cdot(k+1)}\right) = \sum_{k=1}^{n}\left(\dfrac{1}{k} - \dfrac{1}{k+1}\right)$$
$$= \left(\dfrac{1}{1} - \dfrac{1}{2}\right) + \left(\dfrac{1}{2} - \dfrac{1}{3}\right) + \left(\dfrac{1}{3} - \dfrac{1}{4}\right) + \cdots + \left(\dfrac{1}{n} - \dfrac{1}{n+1}\right)$$
$$= 1 - \dfrac{1}{n+1} \longrightarrow 1 \quad (n \longrightarrow \infty)$$

(2) $\dfrac{1}{k(k+1)(k+2)} = \dfrac{1}{2}\left\{\dfrac{1}{k(k+1)} - \dfrac{1}{(k+1)(k+2)}\right\}$

に注意すると, $S_n = \displaystyle\sum_{k=1}^{n}\left(\dfrac{1}{k(k+1)(k+2)}\right)$ は次のようになる.

$$S_n = \dfrac{1}{2}\left[\left\{\dfrac{1}{1\cdot 2} - \dfrac{1}{2\cdot 3}\right\} + \left\{\dfrac{1}{2\cdot 3} - \dfrac{1}{3\cdot 4}\right\} + \left\{\dfrac{1}{3\cdot 4} - \dfrac{1}{4\cdot 5}\right\}\right.$$
$$\left. + \cdots + \left\{\dfrac{1}{n\cdot(n+1)} - \dfrac{1}{(n+1)(n+2)}\right\}\right]$$
$$= \dfrac{1}{2}\left\{\dfrac{1}{2} - \dfrac{1}{(n+1)(n+2)}\right\}$$
$$\to \dfrac{1}{4}(n\to\infty)$$

索引

■ あ ■

余り	7
1次関数	38
位置ベクトル	128
一般角	90
一般項	135
因数定理	8
因数分解	5
x 成分	124
x 切片	38
n 乗根	62
円の方程式	49
オイラーの公式	117
扇形の弧の長さと面積	111

■ か ■

解	27
──と係数の関係	31
2次方程式の──の公式	29
外接円	86
傾き	38
加法定理	97
帰納法	141
基本ベクトル	125
既約分数	24
逆ベクトル	121
境界	54
共役複素数	115
極形式	116
虚軸	114
虚数	26
虚数単位	26
虚部	26
組立除法	8
項	135
項数	135
恒等式	33
降べきの順	1
コサイン	76
弧度法	106

■ さ ■

サイン	76
真数	68
三角関数	91
──の合成	103
三角比	76
3倍角の公式	101
軸	42
$\sum$ の性質	140
指数	2
指数関数	64
指数法則	2, 11, 63
自然数	17
実軸	114
実数	18, 26
実部	26
始点	120
周期関数	91
収束	146, 148
終点	120
循環小数	17
純虚数	26
商	7
昇べきの順	1
常用対数	73
初項	135
垂直	128
数学的帰納法	141
数列	135
スカラー	120
正弦定理	86
成分表示	124
積を和・差になおす公式	101
絶対値	18, 115
零ベクトル	122

■ た ■

第 n 項	135
対数	68
対数関数	70
多項式	1
単位円	80
単位ベクトル	121
タンジェント	76
頂点	42
直線の方程式	38
底	64, 68, 70
展開公式	4
動径	90

等差数列	135	部分分数分解	13, 34	無限級数	148
等比数列	137	部分和	148	無限数列	145
度数法	106	分数式	11	無理数	17
ド・モアブルの定理	118	平行	123		
		平方根	20, 62	■や■	
■な■		ベクトル	120	有限数列	135
内積	126	—の大きさ	120	有向線分	120
2次関数	41	—の成分表示	124	有理化	21
—の標準形	43	—の内積	126	有理数	17
2次方程式		—の向き	120	余弦定理	87
—の解の公式	29	—の和	121		
—の判別式	29	ヘロンの公式	89	■ら■	
二重根号	22	偏角	116	立方根	62
2倍角の公式	99	方程式	27	領域	54
		円の—	49	累乗根	62
■は■		直線の—	38		
背理法	24	—の解	27	■わ■	
発散	146, 148	—を解く	27	和	
半角の公式	100	放物線	41	ベクトルの—	121
判別式	29	—の軸	42	無限級数の—	148
標準形	43	—の頂点	42	y 成分	124
複素数	26			y 切片	38
共役—	115	■ま■		和・差を積になおす公式	
複素数平面	114	末項	135		101

196　索　引

執筆者紹介

小川 淑人　東北工業大学 教授
島田 勉　東北工業大学 教授

独習 基礎数学

2013 年 3 月 20 日　第 1 版　第 1 刷　発行
2014 年 3 月 20 日　第 1 版　第 2 刷　発行
2014 年 11 月 20 日　第 2 版　第 1 刷　発行
2017 年 3 月 20 日　第 2 版　第 2 刷　発行

著　者　小川淑人
　　　　島田　勉
発行者　発田寿々子
発行所　株式会社 学術図書出版社

〒113-0033　東京都文京区本郷 5 丁目 4 の 6
TEL 03-3811-0889　振替 00110-4-28454
印刷 三和印刷 (株)

定価はカバーに表示してあります．

本書の一部または全部を無断で複写 (コピー)・複製・転載することは，著作権法でみとめられた場合を除き，著作者および出版社の権利の侵害となります．あらかじめ，小社に許諾を求めて下さい．

© Y. OGAWA, T. SHIMADA　2013, 2014
Printed in Japan
ISBN 978-4-7806-0417-7　C3041